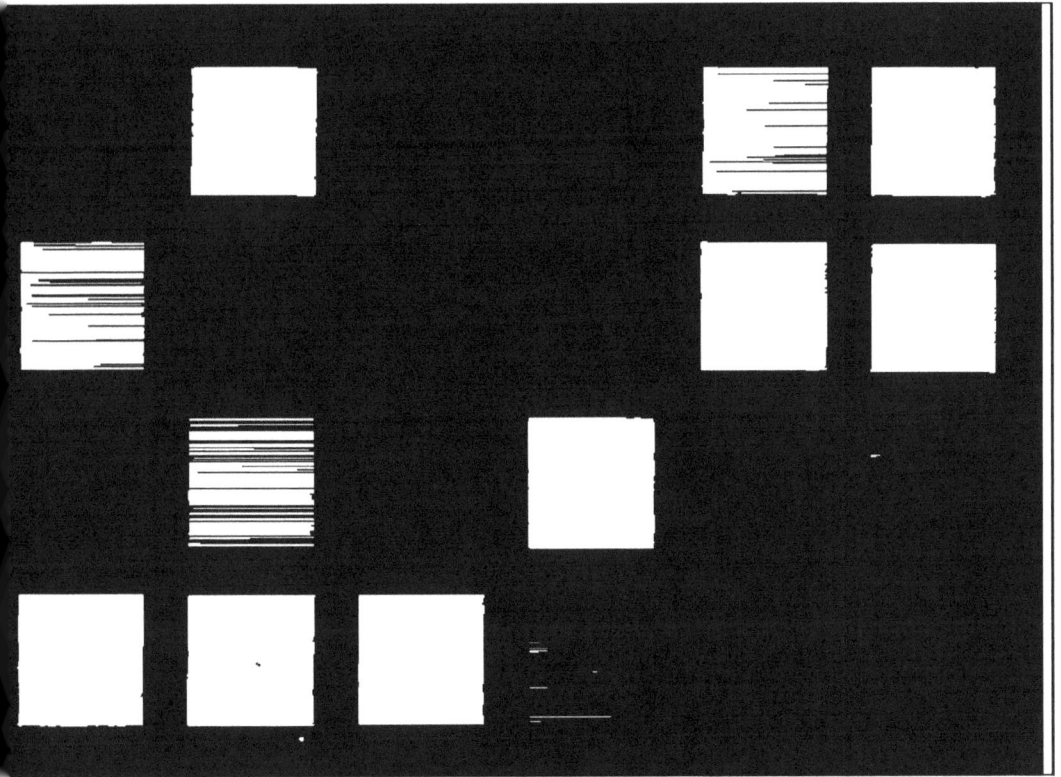

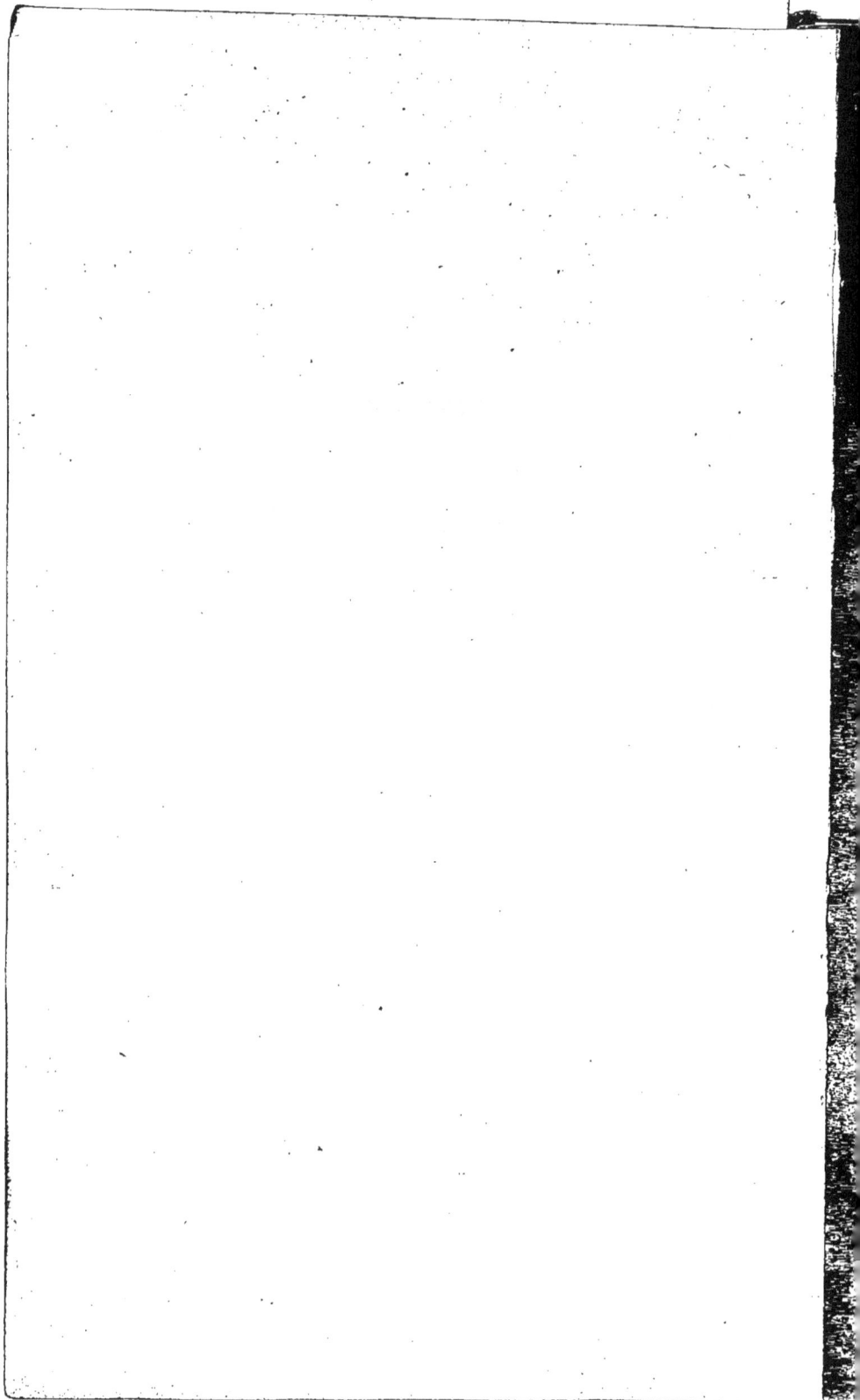

SUR LES

SURFACES ET LES LIGNES TOPOGRAPHIQUES

PAR

M. Léon PENET,

Ancien élève de l'École Polytechnique.

GRENOBLE
IMPRIMERIE DE MAISONVILLE ET FILS,
RUE DU QUAI, 8.

1878.

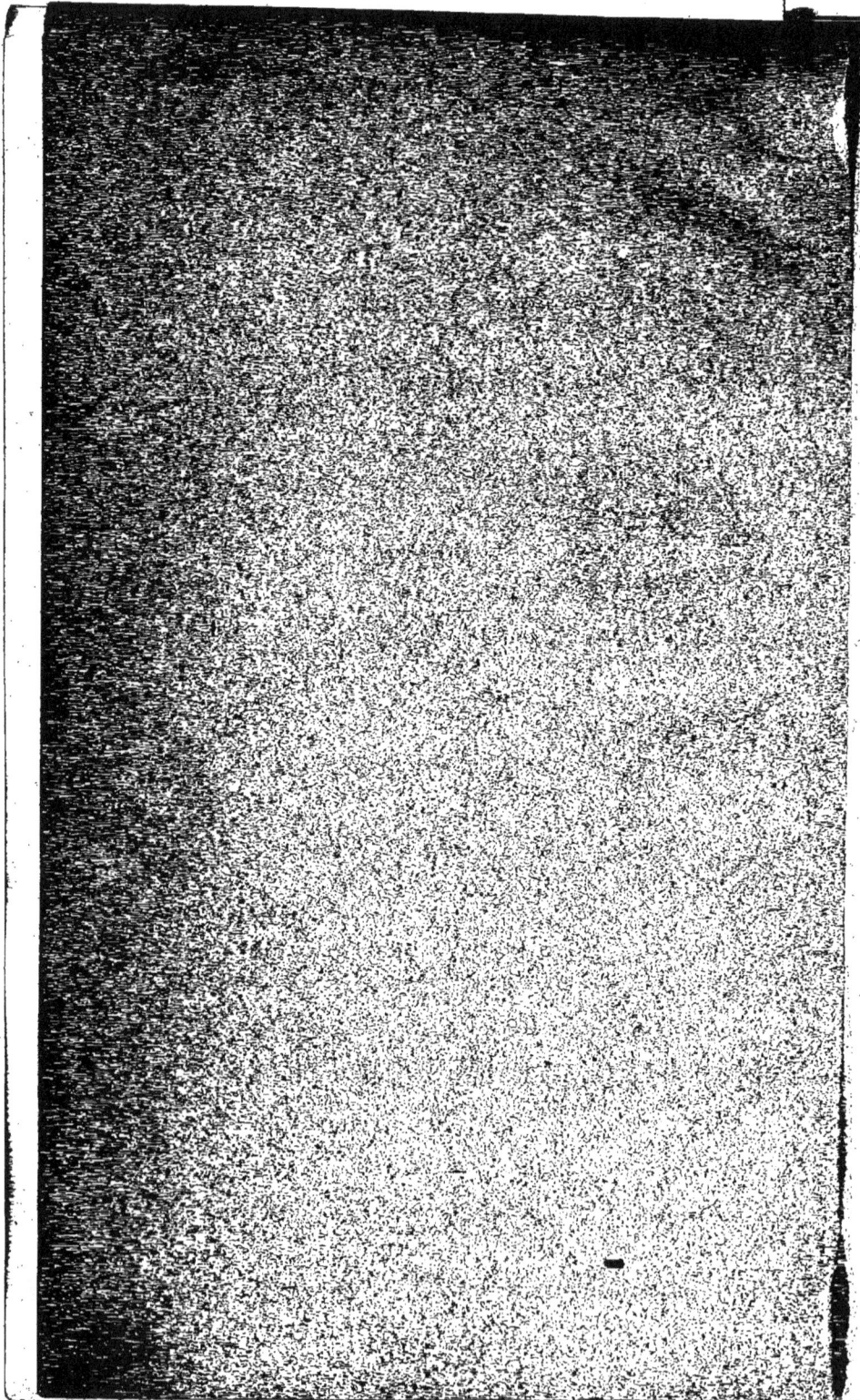

SUR LES

SURFACES ET LES LIGNES TOPOGRAPHIQUES

PAR

M. Léon PENET,

Ancien élève de l'Ecole Polytechnique.

—————◦◦◦—————

AVANT-PROPOS.

Amené, à la suite d'une circonstance tout-à-fait fortuite, à m'occuper de la question des faîtes et des thalwegs, je crus reconnaître l'absence de définitions vraiment rigoureuses, et je fus confirmé dans cette opinion par celle de juges plus compétents que moi, par exemple par celle de M. de la Gournerie, comme le montre la citation ci-dessous, tirée de son *Traité de Géométrie descriptive* (3ᵉ partie, avant-propos) : « J'ai traité avec beaucoup de réserve la question des lignes de plus grande pente, parce qu'elle est intimement liée à celle des faîtes et des thalwegs, sur laquelle règne une certaine obscurité. » Il y a donc là une lacune assez importante dans la théorie des surfaces, et c'est cette lacune que j'ai essayé de combler. J'ai publié sur cette question, au mois de mars 1877, une note dans

points que l'observation reconnaît devoir être points de
faîte (ou de thalweg). Du reste, les mêmes conclusions
ayant lieu quelque rapprochées que soient les courbes P et
Q, on est naturellement porté à adopter, *du moins comme
définition provisoire*, la définition suivante :

Un point de faîte (ou de thalweg) est un point tel qu'en
projection horizontale, la normale menée par ce point à la
courbe de niveau qui y passe est aussi normale à celle infiniment voisine. Seulement il faut bien préciser ce qu'on
entend par normale commune à deux courbes infiniment
voisines d'une même série. Or, considérons une série continue de courbes représentées par l'équation $F(x, y, z)
= 0$, z étant le paramètre dont les valeurs successives dé-
terminent les courbes de la série, et soient P et Q deux
courbes infiniment voisines dont les équations soient res-
Fig. 1. pectivement $F(x, y, h,) = 0$ et $F(x, y, h, + dh) = 0$. Par
un point A pris sur la courbe P, je lui mène une normale
rencontrant celle Q au point B, et par ce dernier je mène
une normale à Q ; j'obtiens deux droites faisant entre elles
un angle ε infiniment petit, et généralement infiniment
petit du même ordre que dh ; mais si ε est infiniment petit par rapport à dh, il est clair que ces deux droites doivent être considérées comme confondues, et par conséquent que A B doit être regardée comme une normale
commune aux courbes P et Q. Donc, la normale en A à la
courbe P sera dite normale commune à cette courbe et à
celle infiniment voisine si l'angle ε est infiniment petit par
rapport à dh.

Avant d'adopter cette première définition que nous venons d'exposer, il faut s'assurer qu'elle donne comme lignes de faîte (ou de thalweg) un certain nombre de lignes
qui sont regardées comme telles incontestablement par
tout le monde. Ces lignes peuvent être rangées dans trois
catégories : 1° les lignes de plus grande pente d'une surface

qui sont droites en projection horizontale; 2° les courbes
de contact horizontales (en désignant ainsi toute courbe de
contact de la surface avec un plan horizontal); 3° une certaine classe de lignes qui se rencontrent fréquemment dans
les surfaces naturelles et dont l'importance est assez
grande, je crois, pour qu'il soit indispensable d'en tenir
compte dans toute bonne définition des lignes de faîte
ou de thalweg, d'autant plus qu'on y rattache facilement
les arêtes qui, elles aussi, me paraissent très-importantes
au point de vue topographique; elles sont caractérisées par
la propriété qu'en projection horizontale elles constituent
des enveloppes des lignes de plus grande pente (en enten-
dant par là qu'en raison de l'incertitude dans laquelle on
est toujours sur la forme vraie des surfaces naturelles, on
est en droit de les regarder rigoureusement comme telles),
et par conséquent d'ailleurs sont elles-mêmes lignes de
plus grande pente. Les lignes de la première catégorie satisfont évidemment à la définition que nous venons d'exposer. Celles de la deuxième y satisfont aussi, comme on s'en
assure par des considérations très-simples en regardant
une courbe de contact horizontale comme formée de deux
courbes infiniment voisines d'intersection de la surface et
d'un plan horizontal. Quant aux lignes de la troisième catégorie, on voit facilement d'abord qu'elles représentent
des lieux de points à rayon de courbure nul des courbes de
niveau (lieux que je désigne par le nom de *courbes de points
initiaux*); et si, par un quelconque de leurs points on
mène une normale à la courbe de niveau qui y passe, on
reconnaît qu'elle ne peut pas en général être normale à la
courbe de niveau infiniment voisine; donc, la définition
provisoire que nous avons donnée des points de faîte (ou
de thalweg) se trouve ici en défaut. Seulement nous remarquerons qu'une quelconque des lignes appartenant à cette
catégorie jouit, non seulement de la propriété d'être ligne

de plus grande pente et courbe de points initiaux, mais encore de celle d'être une enveloppe des développées des courbes de niveau; cette dernière propriété peut d'ailleurs s'énoncer ainsi : elle est un lieu de points tels que le centre de courbure, relatif à l'un quelconque d'entre eux, de la courbe de niveau qui y passe, est point d'enveloppe de la développée de cette courbe de niveau, c'est à dire un point de rencontre de cette développée avec celle de la courbe de niveau infiniment voisine.

Revenons maintenant aux points ordinaires des courbes de niveau, pour lesquels le rayon de courbure n'est pas nul. Soient en projection horizontale P et Q deux courbes infiniment voisines dont les équations soient respectivement $F(x, y, h) = 0$ et $F(x, y, h + dh) = 0$, et φ et ψ leurs développées. Par un point A pris sur la courbe P je mène la normale à cette courbe tangente en a à sa développée *Fig. 1.* φ, et rencontrant la courbe Q au point B ; par le point B je mène la normale à la courbe Q, tangente en b à sa développée ψ, et j'appelle ε l'angle des deux normales B a et B b. Pour que A B soit normale commune aux courbes P et Q, il faut et il suffit que le rapport $\frac{\varepsilon}{dh}$ soit infiniment petit. Or, je prouve que si ce rapport est infiniment petit, le point a est toujours point d'enveloppe de la courbe φ, et que réciproquement, si le point a est un point de contact de la courbe φ avec une enveloppe de la série des courbes φ, ψ, etc., le rapport $\frac{\varepsilon}{dh}$ est infiniment petit. Donc pour que A B soit normale commune aux courbes P et Q, il faut et il suffit que le point a soit point d'enveloppe de la courbe φ, autrement dit : que le centre de courbure, relatif au point A, de la courbe P soit point d'enveloppe de la développée φ de P. Or, si A B est normale commune aux courbes infiniment voisines P et Q, le point **A** est point de faîte (ou de thalweg). Donc, au lieu de dire que le point de faîte (ou de thalweg) **A** est caractérisé par la propriété que **A B** est normale commune à ces deux courbes, on peut dire qu'il est caractérisé par la propriété que le centre de courbure, relatif à ce point, de la courbe de niveau qui y passe est point d'enveloppe de la développée de cette courbe de niveau. D'ailleurs, nous venons de voir précédemment que tous les points d'une enveloppe des lignes de plus grande pente, points qui sont essentiellement points de faîte (ou de thalweg), jouissent de la même propriété caractéristique. En conséquence et en observant qu'il y a avantage à réunir les points de faîte et ceux de thalweg sous une même dénomination, par exemple celle de *points topographiques*, puisqu'ils sont caractérisés par les mêmes propriétés géométriques, nous adopterons la définition suivante :

On appelle *point topographique* tout point d'une surface tel qu'en projection horizontale le centre de courbure, relatif à ce point, de la courbe de niveau qui y passe est point d'enveloppe de la développée de cette courbe de niveau. Seulement, pour trouver analytiquement les points et lignes topographiques, on a le droit d'utiliser la première définition, beaucoup plus facile à traduire en langage algébrique, sauf à s'occuper séparément des points singuliers des courbes de niveau pour lesquels le rayon de courbure serait nul.

Les lignes topographiques ne sont jamais confondues avec les lignes de plus grande pente que dans des conditions très-particulières; et l'obscurité qui a régné jusqu'à présent dans la question des faîtes et thalwegs provient uniquement, je crois, de la confusion qui résultait du même nom donné à deux lieux géométriques essentiellement différents : la *ligne de partage ou de rassemblement des eaux*, qui ne peut être qu'une ligne de plus grande pente, et le *lieu des points topographiques* ; cette confusion d'ailleurs était toute naturelle parce que dans la nature ces lignes sont habituellement très-peu différentes l'une de l'autre.

La marche que j'ai suivie pour arriver à ma définition des points topographiques est en définitive uniquement basée sur l'observation ; ce premier travail, que je considère comme le plus important, m'a demandé beaucoup de temps parce que ce n'est qu'après de longues hésitations que je me suis décidé à séparer nettement l'étude des lignes topographiques de celle des lignes de plus grande pente. Dans la rédaction de mon mémoire, j'ai suivi une marche inverse, et j'ai traité la question synthétiquement. Il comprend deux Livres :

Le Livre I est consacré exclusivement au rappel de notions diverses et à quelques développements sur des théories connues, qui m'étaient nécessaires ; j'y traite assez longuement de la question des indicatrices et de celle des enveloppes, sans m'astreindre à ce que l'indicatrice soit du deuxième degré, ni à ce que l'enveloppe ait avec ses enveloppées un contact de premier ordre seulement, ce que j'ai fait afin de donner une plus grande généralité à mon étude. J'y consacre deux articles presque entiers à démontrer les propositions à l'aide desquelles on peut passer de la définition des points topographiques fondée sur les enveloppes à celle fondée sur les normales communes ; ces propositions, très-simples dans les cas habituels, exigeaient d'assez grands développements pour être étendues aux cas singuliers, et comme elles sont fondamentales, j'ai cru devoir donner à leur démonstration le plus de généralité possible.

Le Livre II est celui dans lequel j'expose toutes mes définitions. L'étude des lignes topographiques, lignes de plus grande pente, lignes de partage ou de rassemblement des eaux, etc. y est traitée avec beaucoup de détails ; je l'ai fait, surtout en vue des surfaces naturelles qui présentent toutes sortes de complications, afin de multiplier pour ainsi dire les types auxquels on peut parfois assimiler approximativement une quelconque de leurs parties.

Chacun des Livres I et II est divisé en Chapitres, subdivisés eux-mêmes en Articles, que nous suivrons successivement dans le Résumé, en nous bornant à mentionner ce qu'il peut y avoir de plus saillant dans chacun d'eux, sans aucune démonstration.

LIVRE I.

CHAPITRE Ier.

DÉFINITIONS ET RAPPEL DE NOTIONS DIVERSES.

J'appelle surface représentée topographiquement ou simplement *surface topographique*, une surface, quelle qu'elle soit, définie par la connaissance de ses courbes de niveau, le plan de projection pris pour plan horizontal étant d'ailleurs choisi arbitrairement. Cette définition diffère de celle donnée habituellement en ce que je ne m'astreins pas à la condition que cette surface ne puisse être rencontrée par une verticale qu'en un seul point.

Nous supposons en général que la surface limite un corps matériel d'avec l'espace, de sorte qu'il y a lieu de distinguer son *intérieur* d'avec son *extérieur*.

Afin d'abréger le langage, je désigne simplement par *courbe de contact* toute courbe de contact de la surface avec un plan.

Un point quelconque d'une courbe de contact horizontale peut toujours être considéré soit comme un sommet (ou fond), soit comme un col.

CHAPITRE II.

REMARQUES SUR LES NORMALES AUX COURBES PLANES. — REMARQUES SUR LES COURBES SEMBLABLES.

Article 1er. — Remarques sur les normales aux courbes planes.

— D'un point quelconque pris dans l'intérieur d'une courbe plane fermée et constamment convexe, on peut toujours abaisser au moins deux normales sur cette courbe. Lorsque le nombre de ces normales est supérieur à deux, il est toujours pair, pourvu qu'on considère un rayon vecteur normal dont la circonférence aurait avec la courbe un contact de l'ordre n comme la réunion de n normales infiniment voisines.

Une normale qui en représente n infiniment voisines confondues est désignée sous le nom de *normale de degré de multiplicité n*. Le degré de multiplicité d'un rayon vecteur normal est égal à l'ordre du contact avec la courbe donnée de la circonférence décrite avec ce rayon vecteur normal pour rayon.

Un rayon vecteur normal est un maximum ou un minimum s'il est une normale simple ou de degré de multiplicité impair; il ne l'est pas s'il est une normale de degré de multiplicité pair.

Si un rayon vecteur est un maximum ou un minimum, il est nécessairement normal à l'arc de courbe.

— Dans le cas où la courbe plane donnée a un centre O, l'existence de ce centre donne lieu à certaines remarques dont voici quelques-unes :

1° Si un rayon vecteur mené par le centre O est normal à la courbe, son prolongement de l'autre côté du centre est aussi rayon vecteur normal, du même degré de multiplicité. On peut désigner la réunion de ces deux rayons vecteurs sous le nom de *rayon vecteur normal double*.

2° Dans toute courbe fermée et convexe, douée d'un centre, il y a au moins deux rayons vecteurs normaux doubles ; et s'il y en a plus de deux, il y en a toujours un nombre pair, pourvu que, si la circonférence décrite avec un de ces rayons vecteurs normaux doubles comme diamètre a avec la courbe un contact de l'ordre n, le rayon vecteur normal double correspondant soit regardé comme représentant n rayons vecteurs normaux doubles confondus en un seul.

3° Si un rayon vecteur normal double est un diamètre, auquel cas il est un axe de symétrie de la courbe, le rayon vecteur double mené perpendiculairement à sa direction est aussi un axe de la courbe.

4° Si un rayon vecteur normal double est un axe de la courbe, chacun des rayons vecteurs qui le composent est un maximum ou un minimum relativement aux rayons vecteurs voisins.

— Soit A A′ une normale commune à deux courbes planes données π et π' ; la droite A A′ est une tangente commune aux développées φ et φ' de π et de π', ses points de contact C et C′ avec chacune de ces développées étant les centres de courbure respectifs de π et de π' relatifs aux points A et A′. Je trace par le point A de la courbe π la développante auxiliaire π'_1 de la développée φ' ; les deux courbes π' et π'_1, ayant même développée φ', ont toutes leurs normales confondues. Je dis que la normale commune A A′ aux deux courbes données π et π' est une normale : simple si la courbe π et la courbe auxiliaire π'_1 ont en A

Fig. 2.

un contact du premier ordre, et en général du degré de multiplicité n si π et π'_1 ont en A un contact du n^{me} ordre.

Si la droite A A' est une normale commune simple, les centres de courbure respectifs, C et C', des courbes π et π', relatifs aux points A et A', sont séparés.

Si la droite A A' est une normale commune de degré de multiplicité n, les centres de courbure de π et de π' relatifs aux points A et A' sont confondus en un seul point C, et leurs développées φ et φ' ont en C un contact du $(n-1)^{me}$ ordre.

Réciproquement : A A' étant une normale commune aux courbes π et π', si les centres de courbure C et C' de π et de π' relatifs aux points A et A' sont distincts, A A' est normale commune simple ; s'ils sont confondus et si les développées φ et φ' de π et de π' ont en C un contact du $(n-1)^{me}$ ordre, A A' est normale commune de degré de multiplicité n.

Si la droite A A' est normale commune aux courbes π et π', simple ou de degré de multiplicité impair, elle est toujours un maximum ou un minimum par rapport aux normales, suffisamment voisines de A A', menées à l'une quelconque des courbes π ou π' et comprises entre ces deux courbes. Si elle est de degré de multiplicité pair, elle ne peut être ni un maximum ni un minimum.

Si la normale A'A élevée à la courbe π' est maxima ou minima par rapport aux normales suffisamment voisines menées à la même courbe π' et comprises entre les deux courbes π' et π, elle leur est une normale commune, de degré de multiplicité impair.

Etant données deux courbes planes fermées et convexes intérieures l'une à l'autre, on peut toujours mener au moins deux normales communes à ces deux courbes. Si on peut en mener plus de deux, le nombre des normales

communes est toujours pair, pourvu qu'on tienne compte
du degré de multiplicité de ces normales.

Article 2. — Remarques sur les courbes semblables.

— Etant donnée une courbe plane quelconque, je trace
dans son plan la série des courbes semblables et semblablement placées ayant pour centre de similitude commun
un point quelconque, O, du plan.

Si la courbe donnée est une courbe fermée, la courbe
semblable et semblablement placée passant par le centre de
similitude est réduite à ce point O.

Si la courbe donnée est une courbe à branches infinies,
la courbe semblable et semblablement placée passant par
le centre de similitude est réduite à un système de droites
passant par ce point, chacune de ces droites étant parallèle à une des asymptotes de la courbe donnée.

Un rayon vecteur, mené entre le centre de similitude et
l'une quelconque des courbes de la série, coupe toutes
ces courbes sous un même angle. Il résulte de là que la
normale abaissée du centre de similitude commun sur une
quelconque de ces courbes est normale à toutes les autres.

— Etant données deux courbes infiniment voisines, P et
P', d'une série continue de courbes quelconques, semblables
ou non semblables, et coupées par une même droite A A',
Fig. 3. les angles α et α' que fait chacune d'elles avec cette sécante
sont dits *égaux entre eux* si leur différence $\alpha-\alpha'$ est infiniment petite par rapport à la distance A A'.

Etant données deux courbes infiniment voisines, P et P',
d'une série continue de courbes quelconques, semblables
ou non semblables, je mène par le point A de P la normale A N à cette courbe, rencontrant P' au point A'. Cette

droite AA' est dite *normale commune aux courbes infini-* Fig. 4.
ment voisines P et P' si la différence des angles N A T–N A' T'
ou 90° — N A' T' est infiniment petite par rapport à A A'
(A T et A' T' sont les tangentes aux courbes P et P' aux
points A et A'). Menons par le point A' la normale à la
courbe P'; cette différence est représentée par l'angle ε de
cette droite avec A A'.

— Si par un point pris sur une quelconque des courbes
d'une série continue de courbes semblables, semblablement placées et ayant un centre de similitude commun,
je mène une droite coupant cette courbe et celle infiniment voisine sous un même angle, cette droite passe nécessairement par le centre de similitude commun si le rayon
de courbure en ce point de la courbe n'est pas infini. S'il
est infini, la droite indéfinie joignant ce point au centre de
similitude est un lieu de points à rayon de courbure infini
de toutes les courbes de la série, tous ces rayons de courbure étant en outre parallèles entre eux ; et une droite quelconque, menée par ce point non tangentiellement à la courbe, coupe celle-ci et la courbe infiniment voisine sous un
même angle.

Etant données deux courbes infiniment voisines P et P'
d'une série continue de courbes semblables, semblablement placées et ayant un centre de similitude commun, si
la normale au point A de la courbe P est normale commune
à cette courbe et à celle infiniment voisine P', elle passe
nécessairement par le centre de similitude commun, lorsque le rayon de courbure en A de la courbe P n'est pas
infini. Lorsqu'il est infini, la droite joignant le point A au
centre de similitude commun est un lieu de points à rayon
de courbure infini de toutes les courbes de la série, tous
ces rayons de courbure étant en outre parallèles entre eux ;
et cette droite peut n'être pas normale commune à toutes
ces courbes. Elle est toujours un lieu de points tels que

la normale menée par l'un quelconque d'entre eux à la courbe de la série qui y passe, est normale commune à cette courbe et à celle infiniment voisine.

CHAPITRE III.

PARABOLOÏDE. INDICATRICE AU SOMMET D'UN PARABOLOÏDE. — PARABOLOÏDE INDICATEUR ET INDICATRICE EN UN POINT D'UNE SURFACE. SURINDICATRICE.

Article 1er. — *Paraboloïde. Indicatrice au sommet d'un Paraboloïde.*

J'appelle *surface parabolique* ou *Paraboloïde de degré n* une surface algébrique dont l'équation, en choisissant un système convenable d'axes de coordonnées rectangulaires, prend la forme :

$$z = M x^n + N x^{n-1} y + \ldots + R x y^{n-1} + S y^n,$$

tous les termes du deuxième membre étant du même degré n, n étant un nombre entier positif quelconque. Cette surface jouit de la propriété qu'une section plane quelconque passant par l'axe des z est une parabole de degré n dont le sommet est l'origine des coordonnées et l'axe est l'axe des z. Aussi nous appellerons l'origine des axes, le *sommet* et l'axe des z, l'*axe* du paraboloïde donné.

L'ordre du contact du plan tangent au sommet d'un paraboloïde avec celui-ci est inférieur d'une unité au degré de l'équation de la surface.

Lorsque le degré de l'équation du paraboloïde est pair, toutes les sections normales au sommet A ont avec l'intersection du plan tangent en A et du plan qui les contient, un contact d'ordre impair, et par conséquent ne présentent pas d'inflexion en ce point ; lorsque le degré de l'équation est impair, elles présentent toutes une inflexion en ce point.

Les sections faites dans un paraboloïde par une série de plans perpendiculaires à l'axe de cette surface et situés d'un même côté de cet axe par rapport au sommet, sont toutes semblables entre elles. Leurs projections sur le plan tangent au sommet sont de même par conséquent toutes semblables entre elles ; elles sont en outre semblablement placées et ont le sommet de la surface pour centre de similitude commun.

Une quelconque de ces sections est appelée *Indicatrice au sommet du paraboloïde* ; seulement on réserve habituellement ce nom à la section faite par un plan infiniment voisin du sommet. La connaissance de l'indicatrice au sommet d'un paraboloïde entraîne celle de ce paraboloïde, et réciproquement. Aussi peut-on l'appeler simplement *Indicatrice* du paraboloïde donné, en sous-entendant qu'elle est relative au sommet de celui-ci.

Il y a toujours deux Indicatrices, qu'on peut appeler *conjuguées l'une de l'autre* ; seulement l'une des deux peut être imaginaire.

— Les Indicatrices jouissent de propriétés remarquables, conséquence immédiate de la forme de leur équation. J'en cite quelques-unes dans mon mémoire, que je crois inutile de mentionner ici. Je me bornerai à citer les suivantes :

1° Le plan tangent au sommet A d'un Paraboloïde peut n'avoir de commun avec la surface que le point de contact A. Mais s'il a d'autres points communs avec celle-ci, la réu·

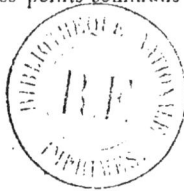

nion de ces points forme une ou plusieurs droites partant
de A et indéfinies dans les deux sens. Ces droites peuvent
d'ailleurs être soit des lignes d'intersection de la surface
et du plan tangent, soit des lignes de contact.

$$z = f(x, y) = S y^n + R x y^{n-1} + \ldots + N x^{n-1} y + M x^n$$

l'équation du Paraboloïde, dans laquelle on peut toujours supposer que le coefficient S n'est ni nul ni négatif.
Le coefficient angulaire t de toutes ces droites est donné
par la résolution de l'équation :

$$f(1, t) = S t^n + R t^{n-1} + \ldots + N t + M = o.$$

Si toutes les racines de cette équation sont imaginaires,
le plan tangent en A et le Paraboloïde n'ont que le point
A de commun.

Si elles ne sont pas toutes imaginaires, à chaque racine
réelle simple correspond une droite d'intersection du plan
tangent en A et de la surface; et à chaque racine réelle
multiple correspond une droite de contact. En outre une
droite de contact doit être regardée comme représentant
autant de droites d'intersection réunies en une seule qu'il y
a de racines réelles multiples correspondant à cette droite
de contact.

2° Lorsque le plan tangent au sommet A d'un Paraboloïde
coupe cette surface suivant un certain nombre de droites,
chacune de celles-ci est une asymptote des indicatrices.

Il en est de même pour une droite formant ligne de contact, qui est alors une asymptote de degré de multiplicité
égal au degré de multiplicité de la racine réelle correspondante. Enfin si toutes les racines de l'équation $f(1, t) = o$
sont réelles et égales, le plan tangent en A et le Paraboloïde
ont une seule droite de contact en représentant n confon-

dues en une seule. Le Paraboloïde est alors un *Cylindre parabolique* de degré n.

3° Etant donné le Paraboloïde de degré n dont l'équation est :

$$z = f(x, y) = M\, x^n + N\, x^{n-1}y + \ldots + R\, x\, y^{n-1} + S\, y^n$$

le coefficient angulaire k d'une quelconque des normales abaissées du point A sur l'Indicatrice est une des racines réelles de l'équation :

$$k \left(\frac{df}{dx} \right)_{1,\,k} - \left(\frac{df}{dy} \right)_{1,\,k} = 0.$$

Cette équation étant du degré n au plus, le nombre de ces normales est au plus égal à n. Sa discussion permet d'énoncer le résultat suivant :

Une asymptote simple ne doit jamais être considérée comme une normale à l'indicatrice ;

Une asymptote multiple doit toujours être considérée comme une normale à l'Indicatrice, d'un degré de multiplicité inférieur d'une unité au degré de multiplicité de l'asymptote.

— On appelle *plan normal principal* par rapport au sommet A d'un Paraboloïde un plan mené par l'axe du Paraboloïde normalement aux indicatrices relatives à ce point. Le nombre des plans normaux principaux est égal au nombre des normales qu'on peut abaisser du point A sur l'indicatrice, c'est-à-dire au nombre des racines réelles de l'équation.

$$k \left(\frac{df}{dx} \right)_{1,\,k} - \left(\frac{df}{dy} \right)_{1,\,k} = 0.\,;$$

Leur degré de multiplicité est le degré de multiplicité de la racine k correspondante.

On appelle *section normale principale* par rapport au sommet du Paraboloïde la section de la surface par un plan normal principal.

— Dans un Paraboloïde, autre qu'un Paraboloïde circulaire ou qu'un cylindre parabolique, rapporté à son sommet et à son axe, les lieux de points tels que la normale menée par l'un d'eux à la courbe de niveau qui y passe soit aussi normale à celle infiniment voisine, sont toujours et sont exclusivement les traces des plans normaux principaux relatifs au sommet, et les droites lieux des points à rayon de courbure infini des courbes de niveau.

Dans un Paraboloïde circulaire dont l'axe est vertical, et plus généralement dans toute surface de révolution dont l'axe est vertical, une ligne quelconque tracée sur la surface est un lieu de points tels que la normale menée par l'un de ces points à la courbe de niveau qui y passe est aussi normale à celle infiniment voisine.

Dans un cylindre parabolique, et plus généralement dans un cylindre quelconque, dont les génératrices rectilignes sont horizontales, une ligne quelconque tracée sur la surface est encore un lieu de points tels que la normale menée par l'un de ces points à l'horizontale qui y passe est aussi normale à celle infiniment voisine ; elle est en même temps lieu de points à rayon de courbure infini des horizontales, puisque celles-ci sont des lignes droites.

Article IIe. — Paraboloïde indicateur et indicatrice en un point et d'une surface. Surindicatrice.

— Prenons un point quelconque A d'une surface S, et rapportons cette surface à trois axes de cordonnées rectangulaires ayant leur origine en A, l'axe des z étant confondu avec la normale à la surface menée par ce point. Son équation peut se mettre sous la forme :

$$z = F(x,y) = [A\,x^2 + B\,x\,y + C\,y^2] + \ldots$$
$$+ [M\,x^n + N\,x^{n-1}y + \ldots R\,xy^{n-1} + Sy^n] + [M'x^{n+1} + \ldots$$
$$+ S'y^{n+1}] + \ldots$$

Supposons que tous les coefficients des termes de degré inférieur à n soient nuls ; que ceux des termes du degré n ne le soient pas tous, et de même pour ceux des termes suivants. L'équation de la surface S devient :

$$z = M\,x^n + N\,x^{n-1}y + \ldots + R\,xy^{n-1} + S\,y^n + M'x^{n+1} + \ldots$$

J'appelle *Paraboloïde indicateur au point* A de la surface S le Paraboloïde Σ dont l'équation est :

$$z = M\,x^n + N\,x^{n-1}y + \ldots + R\,xy^{n-1} + S\,y^n$$

Ce paraboloïde a son sommet en A et son axe confondu avec la normale en A à la surface donnée ; son contact et celui de la surface S avec le plan tangent commun en A sont les mêmes ; son équation est celle de S dans laquelle on supprime tous les termes de degré supérieur à n ; enfin au point quelconque A de la surface S, il existe toujours un Paraboloïde indicateur déterminé et il ne peut en exister qu'un seul Les indicatrices et les plans normaux principaux par rapport au point A de la surface S sont les indicatrices et les plans normaux principaux au sommet du Paraboloïde indicateur en ce point ; les sections normales principales sont les sections faites dans la surface par les plans normaux principaux.

Le Paraboloïde indicateur en un point quelconque d'une surface est généralement du deuxième degré. Les points pour lesquels le Paraboloïde indicateur serait d'un degré supérieur au deuxième, ne peuvent être que des points particuliers, isolés les uns des autres, ou formant par leur réunion une courbe de contact de la surface avec un plan tangent. Dans ce dernier cas, le Paraboloïde indicateur en un point quelconque de cette courbe de contact est, sauf exceptionnellement, un cylindre parabolique dont les génératrices sont parallèles à la tangente en ce point à la courbe de contact.

— Construisons le Paraboloïde indicateur relatif au point quelconque A d'une surface ; puis, coupons la surface et le Paraboloïde par un même plan parallèle au plan tangent en A et infiniment voisin. Il détermine deux sections planes : l'une dans le Paraboloïde qui est l'indicatrice de la surface au point A, l'autre dans la surface. Afin d'abréger le langage, nous appellerons cette dernière *Surindicatrice relative au point A*.

Si par le point A on mène un rayon vecteur quelconque non dirigé suivant une des asymptotes de l'indicatrice s'il y en a, coupant l'indicatrice au point B et la surindicatrice au point B′, la différence BB′ est toujours infiniment petite par rapport au rayon vecteur A B, et généralement du deuxième ordre, ce rayon vecteur étant pris pour infiniment petit du premier ordre.

Si l'indicatrice a des asymptotes, et que par le point A on mène un rayon vecteur dirigé suivant une de ces asymptotes, la section normale correspondante de la surface a avec le plan tangent en A, un contact d'ordre supérieur à celui de la section normale correspondant à un rayon vecteur quelconque non dirigé suivant une asymptote. Il en résulte que tout rayon vecteur de la surindicatrice, confondu avec une des asymptotes de l'indicatrice ou faisant avec elle un angle infiniment petit, est infiniment grand par rapport aux rayons vecteurs non confondus avec les asymptotes, et par conséquent doit être regardé comme étant aussi une asymptote de la surindicatrice.

Les tangentes à l'indicatrice et à la surindicatrice menées par les points de rencontre respectifs B et B′ avec chacune de ces courbes d'un rayon vecteur quelconque non confondu avec une asymptote de l'indicatrice, font entre elles un angle qui est toujours infiniment petit, et généralement infiniment petit du même ordre que le rayon vecteur A B.

La plus courte distance entre les normales à une surface menées, l'une par le point quelconque A, l'autre par un point infiniment voisin pris sur une des sections normales principales relatives au point A, est toujours infiniment petite par rapport à la distance de leurs pieds sur la surface, et généralement du deuxième ordre, la distance de leurs pieds étant prise pour infiniment petit du premier ordre. Et réciproquement.

Le rayon de courbure de l'indicatrice au point quelconque B et celui de la surindicatrice au point correspondant B′ (sur le même rayon vecteur) sont égaux à des infiniment petits près par rapport à eux.

Si le rayon de courbure au point B de l'indicatrice est maximum ou minimum ou infini, il existe sur la surindicatrice un point correspondant C jouissant de la même propriété, et l'angle formé par les rayons vecteurs A B et A C est toujours infiniment petit. Et réciproquement.

Si l'on peut mener du point A une tangente à la surindicatrice, l'indicatrice a nécessairement une asymptote avec laquelle la tangente à la surindicatrice fait un angle infiniment petit.

S'il existe sur la surindicatrice un point M, soit de contact avec une tangente menée par le point A, soit à rayon de courbure maximum ou minimum, soit d'inflexion, n'ayant pas son correspondant sur l'indicatrice, celle-ci a nécessairement une asymptote avec laquelle le rayon vecteur A M de la surindicatrice fait un angle infiniment petit; et, par conséquent, si on trace le lieu des points homologues de M situés sur les projections de chacune des courbes de niveau de la surface, on obtient une courbe tangente en A à cette asymptote. De plus, le rayon vecteur A M fait un angle soit rigoureusement nul, soit infiniment petit avec la tangente en ce point à la surindicatrice.

Lorsque l'indicatrice n'est pas une circonférence, à chacun des rayons vecteurs normaux de l'indicatrice correspond toujours un rayon vecteur normal de la surindicatrice du même degré de multiplicité et faisant avec lui un angle infiniment petit, généralement du même ordre que ce rayon vecteur. Lorsque l'indicatrice est une circonférence, les rayons vecteurs normaux à l'indicatrice sont en nombre infini, tandis que le nombre de ceux normaux à la surindicatrice est toujours déterminé ; il peut d'ailleurs être quelconque et même être réduit à deux, donnant par leur réunion un seul rayon vecteur normal double de la surindicatrice.

Réciproquement, à chaque rayon vecteur normal de la surindicatrice correspond toujours un rayon vecteur normal de l'indicatrice.

Une asymptote ayant un certain degré de multiplicité relativement à l'indicatrice est du même degré de multiplicité relativement à la surindicatrice ; et réciproquement.

CHAPITRE IV.

Remarques sur l'ordre de grandeur et le rapport de
quelques infiniment petits. — Points d'enveloppe.
Enveloppes. — Ordre de grandeur de la distance entre
deux tangentes infiniment voisines parallèles menées
a deux enveloppées infiniment voisines, dans tous les
cas possibles. — Tangente commune a deux courbes
infiniment voisines d'une même série.

---

*Article 1er. — Remarques sur l ordre de grandeur et le
rapport de quelques infiniment petits.*

— Cet article est la réunion d'un certain nombre de résultats obtenus par le calcul qui me sont nécessaires dans la
suite, principalement pour la démonstration d'une proposition fondamentale énoncée dans l article III du même
Chapitre. Je crois inutile d'en parler dans ce résumé ; de
sorte que cet article ne figure ici que pour mémoire.

Article IIe. — Points d'enveloppe. Enveloppes.

— Etant donnée dans un plan une série continue de
courbes représentées par l'équation générale F (x, y, h)
$= o$, h étant le paramètre variable dont les valeurs
successives déterminent les courbes de la série, j'appelle
point d'enveloppe d'une courbe quelconque P de cette série,
dont l'équation est F (x, y, h) $= o$, tout point de cette
courbe satisfaisant à la condition que, si de ce point dans

son plan on abaisse une normale jusqu'à son premier point de rencontre avec la courbe infiniment voisine P′ dont l'équation est F $(x, y, h + \Delta h) = o$, la longueur de cette normale est soit rigoureusement nulle, soit infiniment petite par rapport à l'accroissement Δh du paramètre.

Prenons trois axes de cordonnées rectangulaires, les axes des x et des y étant confondus avec ceux auxquels est rapportée la courbe P, et construisons dans ce système d'axes la surface S dont l'équation est : F $(x, y, z) = o$. Les courbes de la série ne sont autres que les projections horizontales des courbes de niveau de cette surface ; et on voit immédiatement : 1° que tout point d'enveloppe est la projection horizontale d'un point de la surface pour lequel le plan tangent est vertical ; 2° que réciproquement la projection horizontale d'un point de la surface pour lequel le plan tangent est vertical, est toujours un point d'enveloppe. Donc les points d'enveloppe relatifs aux courbes de la série représentée par l'équation F $(x, y, h) = o$ ne sont autres que les points de contour apparent relatifs à la surface dont l'équation est F $(x, y, z) = o$; et de même les expressions de courbes enveloppes ou courbes de contour apparent sont synonymes, en désignant par enveloppe un lieu de points d'enveloppe homologues. Nous désignerons habituellement les courbes d'une série qui ont une enveloppe sous le nom d'*enveloppées* relativement à cette enveloppe.

Une enveloppe peut être : soit une courbe distincte de celles de la série, courbe qui peut dans certains cas être réduite à un point, soit une des courbes de la série.

Un point d'enveloppe doit toujours être considéré comme étant un point commun à l'enveloppée passant par ce point et à l'enveloppée infiniment voisine. Et réciproquement : si deux courbes infiniment voisines d'une même série ont un point commun, celui-ci est toujours un point d'enveloppe.

La tangente en un point quelconque d'une enveloppe est toujours tangente commune à l'enveloppe et à l'enveloppée passant par ce point.

Réciproquement : si une courbe est tangente à une série continue de courbes comprises dans l'équation $F(x, y, h) = o$, elle est nécessairement une enveloppe de cette série de courbes.

— L'ordre du contact avec la surface S dont l'équation est $F(x, y, z) = o$, de la verticale passant par un des points du contour apparent de celle-ci, est toujours égal au nombre des dérivées partielles successives à partir de la première, de F par rapport à z, qui sont annulées par les valeurs x' y' z' des coordonnées du point de contact avec la surface de la verticale passant par le point donné du contour apparent.

— Etant donnée une courbe de contour apparent π relative à la surface S, ainsi que la courbe Π de contact avec la surface du cylindre vertical ayant le contour apparent π pour base, l'ordre du contact avec la surface de la verticale passant par un quelconque des points de la courbe Π *est généralement constant,* et ne peut parfois varier que pour quelques points exceptionnels. Aussi peut-il servir à caractériser les enveloppes Nous dirons que la courbe π est *enveloppe simple* si l'ordre du contact avec la surface de la verticale passant par la généralité des points de la courbe Π est égal à un ; qu'elle est *enveloppe de degré de multiplicité m-1* si l'ordre de ce contact est égal à m - 1.

— Si une enveloppe π, relative à la surface S dont l'équation est $F(x, y, z) = o$, est de degré de multiplicité m - 1, la courbe Π de contact avec la surface du cylindre vertical ayant le contour apparent π pour base est commune à toutes les surfaces S', S'', ... $S^{(m-2)}$ et $S^{(m-1)}$ dont les équations sont respectivement $\dfrac{d F}{d z} = 0$, $\dfrac{d^2 F}{d z^2} = 0,.....$

$\frac{d^{m-2} F}{d z^{m-2}} = 0$ et $\frac{d^{m-1} F}{d z^{m-1}} = 0$, et n'appartient pas à la surface S$^{(m)}$ dont l'équation est $\frac{d^m F}{d z^m} = 0$. De plus elle est une enveloppe pour toutes les surfaces S', S'',.... S$^{(m-2)}$, et ne l'est pas pour la surface S$^{(m-1)}$; de sorte que la courbe II est une courbe de contact de toutes les surfaces S, S',... S$^{(m-2)}$ entre elles, et représente l'intersection de toutes ces surfaces par celle S$^{(m-1)}$. Enfin, elle est une enveloppe de degré de multiplicité : m-2 pour S', m-3 pour S'',... deux pour S$^{(m-3)}$, un pour S$^{(m-2)}$.

Réciproquement : Si le cylindre vertical ayant la courbe π pour base est tangent à toutes les surfaces S, S', S''... S$^{(m-3)}$, S$^{(m-2)}$ suivant la courbe de contact commune II, et coupe la surface S$^{(m-1)}$ suivant la même courbe ; si en outre son intersection avec la surface S$^{(m)}$ est différente, la courbe π est une enveloppe de degré de multiplicité : m-1 pour S, m-2 pour S'..., un pour S$^{(m-2)}$ et n'est pas enveloppe pour la surface S$^{(m-1)}$.

— Si l'ordre du contact avec la surface de la verticale passant par le point A de II est égal au degré de multiplicité de l'enveloppe π, ce qui est le cas général, l'ordre du contact, au point a projection de A, de l'enveloppée p, projection de la courbe de niveau passant par A, avec son enveloppe, est égal :

Au degré de multiplicité de l'enveloppe, si la tangente en A à la courbe II n'est ni horizontale ni verticale ;

Au produit, diminué d'une unité, du degré de multiplicité de l'enveloppe augmenté d'une unité par l'ordre du contact en A, augmenté aussi d'une unité, de la courbe II avec le plan horizontal passant par ce point, si la tangente en A à la courbe II est horizontale ;

Au quotient, diminué d'une unité, du degré de multi-

plicité de l'enveloppe augmenté d'une unité par l'ordre
du contact en A, augmenté aussi d'une unité, de la
courbe Π avec le plan vertical normal à la surface passant
par ce point, si la tangente en A à la courbe Π est verticale.

— Si l'ordre du contact avec la surface de la verticale passant par le point A de Π est inférieur au degré de multiplicité de l'enveloppe π, l'ordre du contact en a de l'enveloppée p avec son enveloppe est inférieur à la valeur
qu'aurait l'ordre de ce contact dans les mêmes circonstan-
ces si la verticale en A avait avec la surface un contact
d'ordre égal au degré de multiplicité de l'enveloppe ; et par
conséquent, il est toujours inférieur à ce degré de multiplicité si la tangente en A à la courbe Π n'est pas horizontale ; il ne pourrait être égal ou supérieur que si cette
tangente était horizontale.

Si l'ordre du contact avec la surface de la verticale
passant par le point A de Π est supérieur au degré de
multiplicité de l'enveloppe π, l'ordre du contact en a de
l'enveloppée p avec son enveloppe est supérieur à la valeur
qu'aurait l'ordre de ce contact dans les mêmes circonstan-
ces si la verticale en A avait avec la surface un contact
d'ordre égal au degré de multiplicité de l'enveloppe; et,
par conséquent, il est toujours supérieur à ce degré de
multiplicité si la tangente en A à la courbe Π n'est pas verticale ; il ne pourrait être égal ou inférieur que si cette
tangente était verticale.

— Supposons que la courbe π soit une enveloppe simple
relativement à la surface S dont l'équation est F (x, y, z)
= 0, et soit toujours Π la courbe de contact avec la surface
S du cylindre vertical ayant le contour apparent π pour
base. Menons la tangente à Π par un point quelconque A,

pris sur cette courbe, dont les coordonnées soient x, y et z; et désignons par V l'expression :

$$\frac{dF}{dy}\ \frac{d^2F}{dx\ dz} \ - \ \frac{dF}{dx}\ \frac{d^2F}{dy\ dz}$$

Lorsque $\frac{d_2F}{dz^2}$ est nul, et que V ne l'est pas, la tangente en A à la courbe Π est toujours verticale ;

Lorsque $\frac{d^2F}{dz^2}$ est nul, et que V l'est aussi, elle peut être verticale, inclinée ou horizontale ;

Lorsque $\frac{d^2F}{dz^2}$ n'est pas nul, et que V n'est pas nul, elle n'est jamais ni verticale ni horizontale ;

Lorsque $\frac{d^2F}{dz^2}$ n'est pas nul, et que V est nul, elle est toujours horizontale.

— Considérons toujours l'enveloppe simple π ainsi que la courbe correspondante Π de la surface. Si les coordonnées x, y, z du point A de la courbe Π n'annulent pas V, l'ordre du contact, au point a projection de A, de l'enveloppée p avec l'enveloppe π n'est jamais d'ordre supérieur au premier, sauf dans le cas exceptionnel où la tangente en A à la courbe Π serait verticale, et où en outre le contact de cette verticale avec la surface serait d'ordre supérieur à $2n'-1$, en appelant $n'-1$ l'ordre du contact en A de la courbe Π avec le plan vertical normal à la surface passant par ce point. Si ces coordonnées annulent V, le contact en a de l'enveloppée p avec l'enveloppe π est toujours d'ordre supérieur au premier.

Réciproquement : Si l'enveloppée p tangente en a à l'enveloppe simple π a avec celle-ci un contact du premier ordre, V ne peut jamais être annulé par les coordonnées du point correspondant A de la courbe II. Si l'enveloppée a avec son enveloppe un contact d'ordre supérieur au premier, V est toujours en général annulé, et ne pourrait ne pas l'être que dans le cas exceptionnel où la tangente en A à la courbe II serait verticale, et où en outre le contact de cette verticale avec la surface serait d'ordre supérieur à $2n'-1$.

— Si l'enveloppe π relative à la surface S est de degré de multiplicité supérieur au premier, les coordonnées d'un quelconque des points de la courbe II correspondante annulent toujours l'expression V.

— Les coordonnées d'un point A de concours de plusieurs courbes II, II_1,.... de contact avec la surface S de cylindres verticaux ayant les contours apparents π, π_1,.... pour bases, satisfont toujours aux deux équations :

$$\frac{d^2F}{dz^2} = 0 \quad \text{et} \quad V = 0.$$

Le contact avec la surface de la verticale passant par A est toujours d'ordre supérieur au premier ; et par conséquent l'ordre du contact, au point a projection de A, de l'enveloppée p passant par ce point avec l'enveloppe π est toujours supérieur au premier, sauf peut-être dans des cas très-exceptionnels.

— Si l'ordre du contact en a de l'enveloppée p avec son enveloppe π est égal à m, l'ordre du contact au centre de courbure commun de leurs développées respectives ψ et φ est toujours égal à $m-1$.

Réciproquement : Si l'ordre du contact au centre de courbure commun des développées ψ et φ des courbes p et π est égal à $m-1$, l'ordre du contact en a de ces dernières est égal à m.

— Supposons que la courbe π soit enveloppe simple.

1° La développée φ de l'enveloppe π n'est jamais l'enveloppe des développées ψ, ψ',..... de ses enveloppées p, p',..... .

2° La courbe T, lieu des centres de courbure des enveloppées p, p',..... relatifs à leurs points de contact respectifs avec leur enveloppe π, n'est jamais l'enveloppe des développées ψ, ψ',..... des courbes p, p',..... .

3° Parmi tous les points de l'enveloppe π, il n'y a évidemment que ceux correspondant à des points de rencontre de la courbe T avec la développée φ de π pour lesquels l'ordre du contact de l'enveloppe π avec ses enveloppées soit supérieur au premier. Etant donné un quelconque, a, des points de π autres que ceux correspondant à ces points de rencontre, la fonction V n'est jamais annulée par les coordonnées du point A de la courbe II dont a est la projection, sauf peut-être dans des cas très-exceptionnels. De plus le centre de courbure de l'enveloppée p passant par a relatif à son point de contact a avec l'enveloppe π n'est jamais point d'enveloppe de la développée ψ de p, sauf dans des cas très-exceptionnels.

4° Etant donné un point quelconque a de l'enveloppe π pour lequel le contact de l'enveloppée p passant par ce point avec π soit d'ordre supérieur au premier, le centre de courbure de p, relatif au point a, est toujours situé sur la développée φ de π. La fonction V est toujours annulée par les coordonnées du point A de la courbe II dont a est la projection, sauf très-exceptionnellement. Lorsque V est nul, ou bien les plans tangents en A aux surfaces S et S' ne sont pas confondus, et alors la tangente en A à la courbe II est horizontale, ou bien ces deux plans tangents sont confondus. Enfin lorsque la tangente en A à la courbe II n'est pas horizontale, le centre de courbure de p, relatif au point a, est toujours point d'enveloppe de la développée ψ de p; lorsque cette tangente est horizontale, il peut se faire qu'il ne le soit pas.

— Supposons que la courbe π soit enveloppe d'un certain degré de multiplicité. La développée φ de π est toujours enveloppe des développées ψ, ψ',..... des enveloppées p, p',..... de π; de plus le degré de multiplicité de l'enveloppe φ est toujours inférieur d'une unité à celui de l'enveloppe π. Réciproquement : si la développée φ de l'enveloppe π est enveloppe des développées des enveloppées de π d'un certain degré de multiplicité, le degré de multiplicité de l'enveloppe π est toujours supérieur d'une unité à celui de φ.

— Soit a un point d'enveloppe situé sur la courbe p dont l'équation est $F(x, y, h) = 0$, appartenant à la série continue représentée par l'équation générale $F(x, y, z) = 0$; ses coordonnées sont fournies par la résolution par rapport à x et à y des deux équations

$$F(x, y, h) = 0 \text{ et } \frac{dF}{dh} = 0.$$

Ce point a peut ne représenter qu'un point d'enveloppe, ou bien il peut en représenter plusieurs confondus en un seul. Nous appellerons *point d'enveloppe simple* tout point d'enveloppe qui n'en représente qu'un, et *point d'enveloppe d'un degré de multiplicité m* tout point d'enveloppe qui en représente m confondus en un seul.

Pour la recherche du degré du multiplicité des points d'enveloppe, nous admettrons que l'ordre du contact avec la surface S de la verticale passant par un point quelconque de la courbe II est constant pour tous les points de II, sauf pour ceux pour lesquels la tangente à cette courbe

serait verticale ou pour ceux correspondant à des points
de rencontre de π avec d'autres contours apparents de la
surface. Pour tous ces points exceptionnels, l'ordre du
contact avec la surface de la verticale correspondante sera
toujours supérieur au degré de multiplicité de π : il doit
toujours en effet en être ainsi lorsque la surface n'y présente pas de phénomène de discontinuité, et nous ne nous
occuperons que de ceux d'entre eux pour lesquels la tangente
à Π est verticale. Nous admettrons en outre que l'ordre du
contact avec la surface de la verticale passant par un quelconque de ces points est égal à $mn'-1$ en désignant par
$m-1$ le degré de multiplicité de π et par $n'-1$ l'ordre du
contact au point considéré de la courbe Π avec le plan vertical normal à la surface passant par ce point ; ce nombre
$n'-1$ désigne aussi l'ordre du contact de la courbe Π avec la
verticale passant par ce point. Il résulte de cette dernière
hypothèse que la projection de la courbe de niveau passant
par ce point a avec son enveloppe π un contact d'ordre
$m-1$, comme les enveloppées voisines Et par conséquent,
si, comme nous venons de le dire, nous ne tenons pas
compte des points de rencontre de π avec d'autres contours
apparents de la surface, l'ordre du contact de l'enveloppe π
avec ses enveloppées est constamment égal à $m-1$, sauf aux
points correspondant à des points de la courbe Π à tangente
horizontale.

— Ceci posé, soient A un point pris sur la courbe Π, a sa
projection sur le contour apparent π, et $m-1$ le degré de
multiplicité de π. On obtient les résultats suivants :

Le degré de multiplicité du point d'enveloppe a est égal
au degré de multiplicité de l'enveloppe π, lorsque la tangente à la courbe correspondante Π menée par le point A
est inclinée. Il lui est supérieur et égal à $(m-1)n$, lorsque
cette tangente est horizontale ; $n-1$ désigne l'ordre du contact en A de la courbe Π avec le plan horizontal passant

par ce point. Il lui est supérieur au moins d'une unité, et peut être encore plus grand et même infini, lorsque cette tangente est verticale ; lorsqu'il est infini, l'enveloppée passant par *a* est elle-même une enveloppe de la surface S.

Le degré de multiplicité de la normale élevée au point *a* d'enveloppe de l'enveloppée *p* est inférieur d'une unité au degré de multiplicité de ce point d'enveloppe.

Article 3. — *Ordre de grandeur de la distance entre deux tangentes infiniment voisines parallèles menées à deux enveloppées infiniment voisines, dans tous les cas possibles. Tangente commune à deux courbes infiniment voisines d'une même série.*

— Considérons une surface S engendrée par le mouvement d'une courbe de niveau variable mais présentant constamment un point singulier homologue tel qu'un point de rebroussement ou d'inflexion, et supposons cette courbe de niveau assujettie à se mouvoir en s'appuyant constamment par son point singulier sur une courbe donnée U. On obtient en projection horizontale une série continue de courbes présentant chacune un point singulier homologue, comme les courbes de niveau dont elles sont les projections ; et ce point singulier décrit ainsi une trajectoire *u*, projection de la trajectoire U des points singuliers correspondants des courbes de niveau. Afin d'abréger le langage, nous appelons *Axe du point singulier* la tangente commune aux deux branches du rebroussement ou du point d'inflexion. Les points d'enveloppe, situés sur *u*, relatifs à ces courbes se reconnaissent en général soit à ce que la courbe *u* présente en un de ces points un rebroussement (cas de la tangente verticale au point correspondant de U), soit à ce que l'axe du point singulier de la courbe de la série qui y passe y est tangente à cette trajectoire u.

Une courbe quelconque peut toujours être considérée comme symétrique par rapport à la normale menée par un quelconque de ses points autre qu'un point singulier et dans le voisinage infiniment petit de celui ci ; il peut encore en être de même lorsque le point considéré est un point singulier ; mais il n'en est plus ainsi si le point singulier est un point de rebroussement ou d'inflexion. Dans le cas où les courbes de la série ne sont pas symétriques par rapport à la perpendiculaire à l'axe du point singulier menée par celui-ci, dans le voisinage infiniment petit de ce point, nous distinguerons les *enveloppes réelles* et les *enveloppes virtuelles ;* et voici ce que nous entendons par là :

Supposons que nous complétions chacune de ces courbes par sa symétrique par rapport à la perpendiculaire à l'axe du point singulier menée par celui-ci ; nous obtenons une deuxième série continue de courbes avec une moitié de chacune desquelles celles de la série (1) sont confondues. Chacune des courbes de la série (2) se compose de deux portions : j'appelle *portion réelle* celle qui constitue la courbe de la série (1) donnée, et *portion virtuelle* celle, symétrique de la portion réelle par rapport à la perpendiculaire à l'axe du point singulier menée par celui-ci, qui, réunie à la portion réelle, constitue la courbe de la série (2). Tous les points d'enveloppe de la courbe u considérée comme appartenant à l'une des séries le sont encore lorsqu'on la considère comme appartenant à l'autre, puisque la surface S fait partie de celle Σ correspondant aux courbes de la série (2). De plus toutes les enveloppes de la série (1) sont certainement aussi enveloppes de la série (2); mais la réciproque n'est évidemment pas vraie, de sorte que la série (2) aura en général des enveloppes qui n'existent pas pour la série donnée (1). Chaque point d'enveloppe de la courbe *u* est un point de contact de deux enveloppes de la série (2), lesquelles forment ainsi à partir de ce point quatre bras; et, relativement à la série (1), sur ces quatre bras il y en a généralement plusieurs qui sont parasites. Ce sont ces bras parasites que j'appelle *enveloppes virtuelles* de la série (1) : elles sont caractérisées par la circonstance que leurs enveloppées sont formées, dans le voisinage de leurs points de contact avec l'enveloppe, par les portions virtuelles des courbes de la série (1).

— Etant données deux courbes infiniment voisines φ et φ_1 d'une même série continue, et un point quelconque A pris sur l'une d'elles, la courbe φ par exemple, je mène par le point A la tangente AX à cette courbe et la normale AY. Si la courbe φ est symétrique par rapport à AY dans le voisinage infiniment petit de A, ou si elle présente en A un rebroussement de première espèce, on peut toujours mener une tangente à la courbe φ_1, parallèle à la tangente AX et infiniment voisine.

— Considérons un point d'enveloppe A pris sur une courbe φ appartenant à une série continue de courbes; et supposons : ou bien que cette courbe φ est symétrique par rapport à sa normale AY dans le voisinage infiniment petit de A, ou bien que le point A est un point de rebroussement de première espèce. Je mène au point A la tangente XX' à la courbe φ; je mène ensuite la tangente TT' à la *Fig. 5.* courbe de la série infiniment voisine φ_1, parallèle à XX' et infiniment voisine, et soit C son point de contact avec φ_1; cette tangente existe toujours d'après le lemme précédent. Soit de plus E l'enveloppe passant par A, et B le point de contact de l'enveloppée φ_1 avec l'enveloppe. Si le point A est point de rebroussement de l'enveloppée φ, je trace la portion virtuelle de φ ainsi que des enveloppées infiniment voisines; et, parmi les quatre bras d'enveloppes relatifs à la série de ces enveloppées ainsi complétées, je choisis pour celui E le bras auquel est tangente la branche de φ_1 sur laquelle se trouve le point de contact C. Si c'est cette branche qui est elle-même tangente à E, l'enveloppe E est réelle ; si c'est la portion virtuelle de cette branche qui est tangente à E, l'enveloppe E est virtuelle ; mais elle peut être réelle ou virtuelle sans qu'il en résulte aucune modification dans la démonstration que nous avons en vue.

Il s'agit de prouver que : La distance entre les deux tangentes parallèles et infiniment voisines X X' et T T' est toujours infiniment petite par rapport à l'arc A B de l'enveloppe E, sauf parfois dans des cas très-exceptionnels dont il est inutile de tenir compte.

Comme ce théorème est fondamental pour la théorie des lignes topographiques exposée dans le livre II, j'ai cherché à le démontrer d'une manière générale, sans faire aucune hypothèse sur les exposants m et n des équations $y = a\,x^m$ et $y = b\,x^n$ des courbes E et φ rapportées aux axes A X et A Y, autres que les deux suivantes : 1° Ces exposants sont des nombres positifs plus grands que l'unité, entiers ou fractionnaires ; 2° l'exposant n est tel que la courbe φ ou bien est symétrique par rapport à A Y dans le voisinage infiniment petit de A, ou bien y présente un rebroussement de première espèce, afin qu'on puisse toujours lui mener la tangente T T' parallèle à X X' et infiniment voisine. C'est presque uniquement en vue de cette démonstration que l'article I de ce chapitre a été écrit.

— Appelons λ la distance entre les deux tangentes parallèles X X' et T T', et Δs l'arc infiniment petit A B de l'enveloppe E ; appelons de plus A' le point de l'enveloppée φ (complétée s'il le faut par sa portion virtuelle) qui tombe au point de contact B de φ_1 avec l'enveloppe E lorsque φ prend la position φ_1. Voici les résultats auxquels on arrive.

1° Le rapport $\dfrac{\lambda}{\Delta s}$ est toujours infiniment petit, sauf parfois en des points très-exceptionnels lesquels ne peuvent se présenter que si l'ordre du contact en A de l'enveloppe E avec sa tangente A X est inférieur à deux.

2° Si on suppose que les arcs A B de l'enveloppe E et A' A' de l'enveloppée φ soient du même ordre de grandeur, ce qui est le cas général, et si on désigne par $m-1$ l'ordre du contact en A de l'enveloppe E, et par $n-1$ celui au même point de l'enveloppée φ, avec leur tangente commune A X, le rapport $\dfrac{\lambda}{\Delta s}$ est : toujours infiniment petit d'ordre $m-1$ si $n < m$; infiniment petit d'ordre $m-1$, et parfois d'ordre supérieur, si $n = m$; infiniment petit d'ordre inférieur à $m-1$ si $n > m$ (c'est dans ce dernier cas seulement qu'il peut se faire que $\dfrac{\lambda}{\Delta s}$ soit fini ou infini lorsqu'en outre m est plus petit que deux).

3° Enfin, dans le cas habituel où le contact en A de chacune des courbes E et φ avec leur tangente commune A X est du premier ordre, et que de plus le contact de l'enveloppe E avec ses enveloppées est constamment du même ordre dans le voisinage de A, le rapport $\dfrac{\lambda}{\Delta s}$ est infiniment petit d'un ordre égal à l'ordre du contact de l'enveloppe avec ses enveloppées.

— Etant données deux enveloppées infiniment voisines φ et φ_1 d'une même enveloppe E, je mène la tangente X X' à l'enveloppée φ par son point de contact A avec l'enveloppe, puis la tangente T T' à l'enveloppée φ_1, parallèle à X X' et infiniment voisine, dont le point de contact avec φ_1 soit en C. Je prends sur X X' à partir de A une *longueur finie* A P, *Fig. 6.* et par le point P je mène une tangente à l'enveloppée φ_1

dont le point de contact soit D ; du point D j'abaisse la perpendiculaire D K sur XX'. La perpendiculaire D K est toujours égale, à des infiniment petits près, à la distance λ entre les deux tangentes parallèles XX' et T T'.

— Etant donné un point A pris sur une courbe φ appartenant à une série continue de courbes représentée par l'équation F $(x, y, h) = 0$, h étant le paramètre indépendant dont les valeurs successives déterminent les différentes courbes de la série, je mène la tangente en A à cette courbe ; je prends sur cette tangente à partir de A une *longueur finie* A P, quelconque d'ailleurs, et par le point P je mène une tangente à la courbe φ_t de la même série, *Fig. 6.* correspondant à l'accroissement infiniment petit Δh du paramètre ; soit D son point de contact avec φ_1. Nous dirons que la tangente A P à la courbe φ est *tangente commune à la courbe φ et à celle infiniment voisine φ_1* si l'angle ε des deux tangentes P A et P D est infiniment petit par rapport à Δh.

Menons une tangente T T' à la courbe φ_t parallèle à la tangente P A à la courbe φ et infiniment voisine, dont le point de contact soit C, et abaissons des points C et D les perpendiculaires C H $= \lambda$ et D K sur P A. On voit immédiatement que pour que $\dfrac{\varepsilon}{\Delta h}$ soit infiniment petit, il faut et il suffit que $\dfrac{\lambda}{\Delta h}$ le soit, et réciproquement. On peut donc dire encore que la tangente A X à la courbe φ est tangente commune aux courbes φ et φ_t si le rapport $\dfrac{\lambda}{\Delta h}$ est infiniment petit.

— Si la tangente A X au point A de la courbe φ appartenant à une série continue est tangente commune à la courbe φ et à celle infiniment voisine φ₁, le point A est toujours point d'enveloppe de la courbe φ.

Si le point A est situé sur l'enveloppe d'une série de courbes, la tangente A X à l'enveloppée φ passant par ce point est toujours tangente commune à cette enveloppée et à celle infiniment voisine φ₁, sauf très-exceptionnelle-ment.

Dans le cas habituel où le contact en A avec la tangente A X est du premier ordre pour l'enveloppe π et pour l'en-veloppée φ, quel que soit d'ailleurs l'ordre de leur contact entre elles, le rapport $\dfrac{\lambda}{\Delta h}$ est toujours infiniment petit si le point A de l'enveloppe π est point d'enveloppe, c'est-à-dire si la verticale A A′ est tangente en A′ à la surface (ce qui a toujours lieu, sauf parfois en des points singuliers de la surface très-exceptionnels), en appelant A′ le point de la surface dont celui A est la projection.

FIN DU LIVRE I.

LIVRE II.

CHAPITRE I.

NORMALE COMMUNE A DEUX COURBES INFINIMENT VOISINES D'UNE MÊME SÉRIE. — CROUPES ET DÉPRESSIONS, LIGNES DE SÉPARATION DES CROUPES ET DÉPRESSIONS.

Article 1er. — Normale commune à deux courbes infiniment voisines d'une même série.

— Considérons la série continue de courbes représentées par l'équation $F(x, y, z) = 0$, z étant le paramètre. Je trace deux courbes P et Q de cette série, correspondant aux valeurs h et $h + \Delta h$ du paramètre, Δh étant infiniment petit. Par un point A pris sur la courbe P je mène la normale à cette courbe jusqu'à sa rencontre en B avec la courbe Q, et par le point B je mène la normale B C à cette

Fig. 1. deuxième courbe. La normale A B à la courbe P est appelée *normale commune aux deux courbes infiniment voisines* P *et* Q de la série, si l'angle ε des deux normales B A et BC est infiniment petit par rapport à l'accroissement Δh du paramètre.

Nous avons déjà donné, dans l'article 2 du chapitre II du Livre I, une définition des normales communes qui rentre dans celle-ci lorsque la distance en projection horizontale des deux courbes P et Q est du même ordre que Δh; mais comme il peut se présenter des cas pour lesquels cela n'ait pas lieu, nous abandonnons complètement cette première définition pour adopter celle que nous venons d'exposer.

— Si A B est une normale commune aux deux courbes infiniment voisines P et Q, et si le rayon de courbure en A de la courbe P n'est pas infini, la direction A B prolongée est toujours une tangente commune à leurs développées respectives.

Réciproquement : Si la normale A a à la courbe P est tangente commune aux développées p et q des courbes infiniment voisines P et Q, elle est une normale commune à ces deux courbes.

— Si A B est une normale commune aux deux courbes infiniment voisines P et Q, et si le rayon de courbure en A de la courbe P n'est pas infini, le point de contact de cette normale avec la développée de la courbe P est toujours un point d'enveloppe de cette développée.

Réciproquement : La tangente en un point de contact, avec une enveloppe π des développées des courbes de la série donnée, de la développée p d'une courbe P de cette série est toujours normale commune à cette courbe P et à celle infiniment voisine, sauf très-exceptionnellement.

— Si A B est une normale commune aux deux courbes infiniment voisines P et Q appartenant à une même série, et si le rayon de courbure en A de la courbe P est infini, la normale à la courbe Q menée par le point A' homologue de A situé sur cette courbe est parallèle à la direction A B prolongée, sauf exceptionnellement.

Réciproquement : Si le rayon de courbure en A de la courbe P est infini, et si la normale à la courbe infiniment voisine Q, menée par le point A' de Q homologue de A, lui est parallèle, il est normale commune aux courbes P et Q, sauf exceptionnellement.

Si le rayon de courbure en A de la courbe P est infini, et si A B est une normale commune aux deux courbes infiniment voisines P et Q, la direction A B prolongée est toujours une asymptote de l'enveloppe des développées des courbes de la série lorsque la normale à la courbe Q menée par le point A' homologue de A est parallèle à cette direction A B prolongée.

Réciproquement : Si le rayon de courbure au point A de la courbe P est infini, et s'il est une asymptote de l'enveloppe des développées des courbes de la série, il représente une normale commune aux deux courbes infiniment voisines P et Q de la série, sauf exceptionnellement.

— Soient F $(x, y, h) = 0$ et F $(x, y, h + \Delta h) = 0$ les équations respectives des courbes infiniment voisines P et Q de la même série ; et supposons que la normale A B à la courbe P, menée par le point A de P, soit normale commune à ces deux courbes ; les équations qui déterminent les coordonnées x et y du point A sont :

$$F\,(x, y, h) = 0$$

$$\frac{dF}{dh}\left\{ \left[\left(\frac{dF}{dy}\right)^2 - \left(\frac{dF}{dx}\right)^2 \right] \frac{d^2F}{dx\,dy} - \left[\frac{d^2F}{dy^2} - \frac{d^2F}{dx^2} \right] \frac{dF}{dx}\,\frac{dF}{dy} \right\}$$
$$- \left[\left(\frac{dF}{dx}\right)^2 + \left(\frac{dF}{dy}\right)^2 \right] \left[\frac{dF}{dy}\,\frac{d^2F}{dx\,dh} - \frac{dF}{dx}\,\frac{d^2F}{dy\,dh} \right] \right\} = 0$$

Si l'équation des courbes de la série est donnée sous la forme explicite $f(x, y) - h = 0$, les deux équations précédentes deviennent :

$$f\,(x, y) - h = 0$$

$$\left[\left(\frac{df}{dy}\right)^2 - \left(\frac{df}{dx}\right)^2 \right] \frac{d^2f}{dx\,dy} - \left[\frac{d^2f}{dy^2} - \frac{d^2f}{dx^2} \right] \frac{df}{dx}\,\frac{df}{dy} = 0$$

*Article 2. — Croupes et dépressions. Lignes de séparation
des croupes et dépressions.*

— Etant donnée une surface topographique quelconque,
j'appelle *point de croupe* tout point de cette surface pour
lequel la section faite par le plan normal mené par la
tangente en ce point à la courbe de niveau qui y passe a
sa convexité tournée vers l'extérieur de la surface; et
j'appelle *point de dépression* tout point pour lequel cette
section a sa convexité tournée vers l'intérieur.

Une portion de la surface dont tous les points sont
points de croupe constitue une *région de croupe* ou simplement une *croupe;* une portion dont tous les points sont
points de dépression constitue une *région de dépression* ou
simplement une *dépression.* Les lignes de séparation entre
ces différentes régions sont appelées *lignes de séparation
des croupes et dépressions.* Une telle ligne peut d'ailleurs
être soit distincte des courbes de niveau, soit confondue
avec une courbe de niveau, ce cas se subdivisant en deux
suivant qu'elle n'est pas ou qu'elle est courbe de contact
horizontale. Lorsqu'elle est distincte des courbes de niveau,
elle est un lieu de points d'inflexion des courbes de
niveau; et réciproquement tout lieu de points d'inflexion
des courbes de niveau est une ligne de séparation des
croupes et dépressions. Lorsqu'elle est une courbe de
niveau, mais sans être en même temps courbe de contact
horizontale, elle ne peut être qu'une ligne droite. Lorsqu'elle est courbe de contact horizontale, et qu'en outre
elle n'est pas une ligne droite, elle doit être de degré de
multiplicité pair comme courbe de contact.

— Le rayon de courbure en un point d'inflexion d'une
courbe de niveau est nécessairement ou nul ou infini. Si
on ne tient pas compte des points d'inflexion des courbes

de niveau à rayon de courbure nul, les équations des lignes
de séparation des croupes et dépressions, ou plus généralement des lieux de points à rayon de courbure infini des
courbes de niveau, sont :

$$\mathbf{F}\,(x,\ y,\ z) = 0$$

$$\frac{d^2F}{dx^2}\left(\frac{dF}{dy}\right)^2 - 2\ \frac{d^2F}{dx\,dy}\ \frac{dF}{dx}\ \frac{dF}{dy} + \frac{d^2F}{dy^2}\left(\frac{dF}{dx}\right)^2 = 0$$

CHAPITRE II

POINTS TOPOGRAPHIQUES. LIGNES TOPOGRAPHIQUES. — EXAMENS
DES LIGNES TOPOGRAPHIQUES. — DÉFINITION DES POINTS ET
LIGNES TOPOGRAPHIQUES A L'AIDE DES LIGNES DE COURBURE.

Art. 1ᵉʳ. — Points topographiques. Lignes topographiques.

— J'appelle *point topographique* tout point d'une surface
tel qu'en projection horizontale le centre de courbure,
relatif à ce point, de la courbe de niveau qui y passe, est
un point d'enveloppe de la développée de cette courbe de
niveau, c'est-à-dire un point de rencontre de cette développée avec celle de la courbe de niveau infiniment
voisine.

Si le point de la surface est un point de croupe, je le
désigne par le nom de *point de faîte ;* si c'est un point de
dépression, je le désigne par le nom de *point de thalweg ;*

et ces deux catégories constituent ensemble les *points topographiques vrais.*

Si en ce point la courbe de niveau présente une inflexion, je le désigne par le nom de *point topographique faux,* cette désignation provenant uniquement de ce que cette classe de points n'offre pas d'intérêt en topographie.

Une *ligne topographique* est un lieu géométrique de points topographiques homologues. Si tous les points de cette ligne, sauf quelques-uns exceptionnels, sont points topographiques vrais, elle est dite *ligne topographique vraie;* dans le cas contraire, elle est dite *ligne topographique fausse.*

Si une ligne topographique vraie traverse des régions de croupe et des régions de dépression, les portions situées sur les croupes s'appellent *lignes de faîte,* et celles situées sur les dépressions s'appellent *lignes de thalweg.*

— Des propositions énoncées dans l'article I du chapitre I découlent immédiatement les conséquences suivantes:

Si A B est normale commune aux courbes infiniment voisines P et Q, le point A est point topographique; et réciproquement si le point A est point topographique, la normale A B est normale commune à la courbe P et à celle infiniment voisine Q. Cette proposition est générale et ne peut cesser parfois d'être exacte que pour quelques points exceptionnels. En conséquence, les courbes des points tels que la normale élevée par un de ces points à la courbe de niveau qui y passe soit normale commune à cette courbe et à celle infiniment voisine *sont identiquement confondues* avec les courbes des points topographiques, et réciproquement; et les points exceptionnels qui peuvent ne pas être en même temps points à normale infiniment petite commune et points topographiques doivent néanmoins se trouver sur ces courbes dont ils constituent des points singuliers. En conséquence, les équations des lignes topogra-

phiques sont, suivant la forme implicite ou explicite de
l'équation de la surface :

$$F(x, y, z) = 0$$

$$\frac{dF}{dz}\left\{\left[\left(\frac{dF}{dy}\right)^2 - \left(\frac{dF}{dx}\right)^2\right]\frac{d\,F}{dx\,dy} - \left[\frac{d^2F}{dy^2} - \frac{d^2F}{dx^2}\right]\frac{dF}{dx}\frac{dF}{dy}\right\}$$
$$- \left[\left(\frac{dF}{dx}\right)^2 + \left(\frac{dF}{dy}\right)^2\right]\left[\frac{dF}{dy}\frac{d^2F}{dx\,dz} - \frac{dF}{dx}\frac{d^2F}{dy\,dz}\right]\right\} = 0$$

Ou :

$$z - f(x, y) = 0$$

$$\left[\left(\frac{df}{dy}\right)^2 - \left(\frac{df}{dx}\right)^2\right]\frac{d^2f}{dx\,dz} - \left[\frac{d^2f}{dy^2} - \frac{d^2f}{dx^2}\right]\frac{df}{dx}\frac{df}{dy} = 0$$

Cette dernière, étant indépendante de z, représente la
projection horizontale des lignes topographiques.

— Pour qu'une courbe de niveau soit ligne topographique, il faut et il suffit : ou que cette courbe de niveau
forme contour apparent; ou que l'inclinaison du plan
tangent à la surface en un quelconque de ses points soit
constante ; ou qu'elle soit courbe de contact horizontale.

———

Article 2. — Examen des lignes topographiques.

— Une courbe de contour apparent, qui n'est pas en
même temps courbe de niveau, n'est jamais la projection
d'une ligne topographique de la surface, si elle est de degré
de multiplicité un. Mais il peut se trouver sur cette courbe
quelques points topographiques isolés les uns des autres.
Si on appelle Π la courbe de contact avec la surface donnée
du cylindre vertical ayant le contour apparent π pour base,

S la surface donnée dont l'équation est $F(x, y, z) = 0$, et S' celle dont l'équation est $\frac{dF}{dz} = 0$, ces points exceptionnels sont les points de la courbe π pour lesquels le contact de l'enveloppe avec l'enveloppée correspondante est d'ordre supérieur au premier, points pour lesquels les plans tangents aux surfaces S et S' sont confondus, ou pour lesquels la tangente au point correspondant de la courbe II est horizontale.

Une courbe de contour apparent, non confondue avec une courbe de niveau, de degré de multiplicité supérieur au premier, est toujours la projection d'une ligne topographique.

— Etant donnée en projection horizontale une ligne topographique quelconque, si par chacun de ses points on mène la normale à la courbe de niveau qui y passe, on obtient une série de droites ayant une enveloppe; et celle-ci est une enveloppe des développées des courbes de niveau rencontrées par la ligne topographique.

Réciproquement : Si en projection horizontale les développées des courbes de niveau d'une surface ont une enveloppe, il existe nécessairement sur celle-ci une ligne topographique correspondante.

— J'appelle *Surface développée* d'une surface donnée S la surface Σ dont chacune des courbes de niveau est la développée de la courbe de niveau de la surface S située à la même hauteur. En vertu de la proposition précédente, toutes les lignes topographiques de la surface S correspondent en projection horizontale à des courbes de contour apparent de la surface Σ; et réciproquement toutes les courbes de contour apparent de la surface Σ correspondent à des lignes topographiques de la surface S. Une ligne topographique de S est la courbe d'intersection de cette surface avec celle engendrée par le mouvement d'une

droite horizontale constamment tangente à sa surface développée le long de la courbe de contact de celle-ci avec le
cylindre vertical ayant un de ses contours apparents pour
base.

— Si en projection horizontale une ligne topographique
est normale à toutes les courbes de niveau qu'elle rencontre, elle est toujours une ligne droite.

Réciproquement : S'il existe en projection horizontale
une droite normale à toutes les courbes de niveau qu'elle
rencontre, elle est toujours ligne topographique.

— Pour qu'une droite horizontale de la surface soit ligne
topographique, il faut et il suffit que le plan tangent à la
surface en un quelconque de ses points ait constamment
la même inclinaison, et par conséquent qu'elle soit droite
de contact.

— Pour qu'un lieu de points à rayon de courbure infini
des courbes de niveau, distinct des courbes de niveau, soit
en même temps ligne topographique, il faut et il suffit que
ces rayons de courbure infinis soient tous parallèles
entre eux ; et chacun d'eux est normale commune à la
courbe de niveau correspondante et à celle infiniment voisine, si la tangente au lieu menée par son point de départ
n'est pas horizontale.

— Lorsque le plan d'une courbe de contact est incliné,
celle-ci n'est jamais ligne topographique si le contact de
son plan avec la surface est du premier ordre, à moins
qu'elle ne soit une droite soit horizontale soit normale aux
courbes de niveau. Si le contact de son plan avec la surface est d'ordre supérieur au premier, ou si elle est une
droite soit horizontale soit normale aux courbes de niveau,
elle est toujours ligne topographique.

— Afin d'apporter plus de concision dans le langage, il
peut être utile d'établir une classification des points et
lignes topographiques. Voici celle que je propose :

Les points topographiques sont divisés en deux groupes : les points topographiques *théoriques* et les points topographiques *naturels*. Le point topographique théorique est celui pour lequel la ligne topographique à laquelle il appartient est tangente à la courbe de niveau qui y passe soit dans l'espace, soit seulement en projection horizontale. Le point topographique naturel est celui pour lequel la ligne topographique n'est tangente à cette courbe de niveau ni dans l'espace ni en projection horizontale. Le deuxième de ces groupes se divise en deux classes comprenant : la première, les points topographiques *secondaires ;* la deuxième, les points topographiques *principaux*. Un point topographique secondaire est celui pour lequel la ligne topographique à laquelle il appartient n'est pas normale à la courbe de niveau qui y passe. Un point topographique principal est celui pour lequel la ligne topographique est normale à cette courbe de niveau.

Le groupe des points topographiques théoriques et chacune des classes du groupe des points naturels se subdivisent respectivement en deux tribus comprenant : la première, les points topographiques *ordinaires ;* la deuxième, les points topographiques *extraordinaires*. Un point topographique ordinaire est celui pour lequel le rayon de courbure en ce point de la courbe de niveau qui y passe n'est pas infini. Un point topographique extraordinaire est celui pour lequel ce rayon de courbure est infini. Chacune de ces tribus est elle-même subdivisée en deux familles comprenant : la première, les points topographiques *vrais ;* la deuxième, les points topographiques *faux*. Enfin, les points topographiques vrais se distinguent en *points de faîte* et *points de thalweg*. Il faut encore mentionner les points topographiques *mixtes*, appartenant à la fois à plusieurs des catégories ci-dessus.

— Nous divisons de même les lignes topographiques en

deux groupes : les lignes *théoriques*, et les lignes *natu-relles*. Une ligne topographique théorique est néces·aire-ment soit une courbe de niv. au formant ou ne formant pas contour apparent, soit une courbe de contour apparent distincte des courbes de niveau.

Une ligne topographique naturelle est formée par une série continue de points topographiques, lesquels sont tous naturels sauf exceptionnellement, et les points théoriques qu'elle peut contenir sont ceux pour lesquels elle est tan-gente à la courbe de niveau correspondante soit dans l'espace, soit seulement en projection horizontale ; ce groupe comprend toutes les ligne· topographiques autres que celles qui sont contours apparents ou courbes de niveau.

Les lignes topographiques naturelles se divisent en deux classes comprenant : la première, les lignes topographiques *secondaires*, la deuxième, les lignes topographiques *principales*. Une ligne topographique secondaire est formée par une série continue de points topographiques qui sont tous secondaires, sauf exceptionnellement : elle coupe obliquement les courbes de niveau, sauf en des points exceptionnels où el'e leur est ou tangente ou normale. Une ligne topographique principale est formée par une série continue de points topographiques principaux, et par conséquent elle est normale aux courbes de niveau qu'elle rencontre. Elle ne peut être en projection horizontale : ou qu'une droite normale aux courbes de niveau, ou qu'une courbe lieu de points à rayon de courbure nul des courbes de niveau. Dans le premier cas, l'enveloppe correspondante des développées des courbes de niveau est confondue en direction avec la droite représentant sa projection ; dans le deuxième, la ligne topographique est en même temps enveloppe des développées des courbes de niveau, enve-loppe qui n'est autre que celle qui lui correspond : ce qu'on peut exprimer en disant qu'elle est confondue *point pour point* avec cette enveloppe. On peut donc définir ainsi la ligne topographique principale : c'est une ligne topographique qui est confondue en projection horizontale avec l'enveloppe correspondante des développées des courbes de niveau, soit en direction seulement, soit point pour point.

Le groupe des lignes topographiques théoriques et chacune des classes du groupe des lignes topographiques naturelles se subdivisent respectivement en deux tribus comprenant : la première, les lignes topograph'ques *ordinaires ;* la deuxième, les lignes topographiques *extraordinaires.* Chacune de ces tribus est elle-même subdivisée en deux familles, celle des lignes topographiques *vraies,* et celle des *fausses.* Enfin, les lignes topographiques vraies se distinguent en *lignes de faîte* et *lignes de thalweg.* Il faut encore mentionner les lignes topographiques *mixtes,* en désignant ainsi toute ligne topographique appartenant à la fois à plusieurs des catégories ci-dessus. Enfin, nous remarquerons que les lignes topographiques théoriques n'offrent de l intérêt qu'au point de vue géométrique et pas du tout au point de vue topographique ; leur distinction en lignes de faîte et de thalweg est complètement inutile.

— J'appelle *degré de multiplicité d'un point topographique* situé sur la surface S le degré de multiplicité du point d'enveloppe correspondant de la développée de la courbe de niveau P sur laquelle se trouve ce point. Si on construit la surface Σ développée de celle donnée S et qu'on trace le contour apparent de Σ correspondant à la ligne topographique sur laquelle est situé le point donné, ce point d'enveloppe est le point de contact avec ce contour apparent de la courbe de niveau de Σ développée de celle P de S.

J'appelle *degré de multiplicité d'une ligne topographique* le degré de multiplicité du contour apparent correspondant de la surface Σ développée de celle donnée S.

D'après ce qui précède, pour déterminer les lignes topographiques d'une surface donnée et leur degré de multiplicité, il faudrait construire sa surface développée. Au point de vue graphique, ce procédé est simple et avantageux ; mais, au point de vue analytique, il serait difficile à employer à cause de la forme habituellement très-compliquée de l'équation de la développée d'une courbe. C'est pourquoi nous en donnerons un autre.

— Etant donné un point topographique A situé sur la courbe de niveau P de la surface S dont l'équation est $F(x, y, z) = 0$, le nombre de points topographiques représentés par A, situés sur la courbe de niveau P, est égal au nombre de systèmes égaux de solutions communes aux deux équations :

$$F(x, y, z') = 0 \text{ et } (N)_{z'} = 0$$

obtenues en coupant les surfaces S et S_1 par le plan $z = z'$ de la courbe P ; la surface S_1 a pour équation $(N) = 0$; $(N)_{z'}$ est la fonction de x, y, z qui, égalée à zéro, représente l'équation des lignes topographiques de S, dans laquelle on a remplacé z par z'. Ce nombre de points topographiques représente d'ailleurs le nombre de normales infiniment voisines, représentées par celle passant par A, communes à la courbe de niveau P et à celle infiniment voisine.

— Nous avons donné plus haut la définition du degré de multiplicité d'un point topographique ; nous l'appellerons *degré de multiplicité horizontal*.

Le degré de multiplicité horizontal d'un point topographique A appartenant à la ligne topographique quelconque

L de la surface S est toujours égal au nombre de points topographiques, situés sur la courbe de niveau correspondante, qu'il représente, sauf exceptionnellement ; et par conséquent on l'obtiendra simplement à l'aide de l'équation de la surface et de celle de ses lignes topographiques, sans être obligé de recourir à l'équation de la surface développée. Les points exceptionnels pour lesquels le théorème ne s'applique plus sont : 1° les points de rencontre de la ligne L avec d'autres lignes topographiques de la surface ; 2° dans le cas où cette ligne n'est ni confondue avec une courbe de niveau ni normale aux courbes de niveau, ceux de ses points pour lesquels sa tangente est soit horizontale, soit normale à la courbe de niveau correspondante, ou ceux correspondant à des points de la courbe Π de contact avec la surface développée Σ du cylindre vertical ayant pour base le contour apparent π de Σ correspondant à la ligne topographique, pour lesquels la tangente à Π serait soit horizontale, soit verticale. Le nombre des points topographiques représentés par un quelconque de ces points exceptionnels, s'obtiendra toujours de la même manière ; quant à son degré de multiplicité horizontal, la détermination pourrait en être très-compliquée

Dans une ligne topographique confondue avec une courbe de niveau, le degré de multiplicité horizontal d'un quelconque de ses points est infini.

Dans une ligne topographique normale aux courbes de niveau, le degré de multiplicité horizontal d'un quelconque de ses points est l'unité, sauf exceptionnellement, lorsque le contour apparent correspondant de Σ n'est pas réduit à un point. Les points exceptionnels pour lesquels il est supérieur sont : 1° les points de rencontre de la ligne avec d'autres lignes topographiques ; 2° ceux de ses points correspondant à des points de la courbe Π de contact avec Σ du plan vertical ayant le contour apparent pour trace horizontale pour lesquels la tangente à Π serait verticale.

Dans une ligne topographique normale aux courbes de niveau correspondant à un contour apparent de Σ réduit à un point, le degré de multiplicité horizontal d'un quelconque de ses points est toujours supérieur à l'unité, et de plus est constant, sauf exceptionnellement. Lorsque le rayon de courbure, au point représentant le contour apparent, des développées des courbes de niveau est nul, le degré de multiplicité horizontal d'un quelconque des points de la ligne est égal à l'ordre du contact en ce point de la courbe de niveau qui y passe avec sa circonférence osculatrice correspondante.

— Étant donné en projection horizontale un point topographique quelconque a situé sur la courbe de niveau p de la surface S, je mène par ce point la normale à la courbe p et la normale à la courbe de niveau infiniment voisine q ; ces deux normales font entre elles un angle ε qui est infiniment petit par rapport à la distance verticale Δh des deux courbes de niveau P et Q dans l'espace, puisque le point a est point topographique. J'appelle *degré de multiplicité normal du point* a l'ordre de grandeur du rapport infiniment petit $\dfrac{\varepsilon}{\Delta h}$, Δh étant pris pour infiniment petit du premier ordre.

Le degré de multiplicité normal d'un point quelconque de la ligne topographique l qui n'est ni confondue avec une courbe de niveau ni normale aux courbes de niveau, est égal à son degré de multiplicité horizontal, sauf exceptionnellement; si de plus elle est en même temps contour apparent, ce degré de multiplicité est inférieur d'une unité à l'ordre du contact avec la surface de la verticale passant par ce point, c'est-à-dire au degré de multiplicité de l comme contour apparent.

Le degré de multiplicité normal d'un point quelconque, qui n'est pas point de rencontre de plusieurs lignes topographiques, d'une ligne topographique p qui est en même temps courbe de niveau, est égal au degré de multiplicité de la courbe de niveau π de Σ, développée de p, comme contour apparent de Σ; il est toujours soit égal, soit supérieur au degré de multiplicité de la courbe p comme contour apparent, mais jamais inférieur.

Le degré de multiplicité normal d'un point quelconque d'une ligne topographique normale aux courbes de niveau est infini.

— Le degré de multiplicité d'une ligne topographique est toujours égal au nombre de lignes topographiques, confondues en une seule, qu'elle représente. Lorsque la ligne topographique n'est ni confondue avec une courbe de niveau, ni normale aux courbes de niveau, son degré de multiplicité est le degré de multiplicité soit horizontal, soit normal, de la généralité de ses points. Lorsqu'elle est confondue avec une courbe de niveau, son degré de multiplicité est le degré de multiplicité normal de la généralité de ses points. Lorsqu'elle est normale aux courbes de niveau, son degré de multiplicité est le degré de multiplicité horizontal de la généralité de ses points.

— Tout point d'une surface pour lequel le plan tangent est horizontal est point topographique.

Une courbe de contact horizontale, dont le plan a avec la surface S un contact d'ordre $p-1$, doit toujours être regardée comme représentant $p-1$ lignes topographiques naturelles, principales, ordinaires, lieux de points à rayon de courbure nul des courbes de niveau.

— Le degré de multiplicité comme ligne topographique d'une courbe de contact horizontale dont le plan a avec la surface un contact d'ordre $p-1$, est toujours au moins égal à $3p-4$ si elle n'est pas une droite, et au moins égal à 3 p — 3 si elle est droite. Les lignes topographiques, représentées par cette courbe en vertu seulement de sa propriété de ligne de contact horizontale dont le plan a avec la surface un contact d'ordre p — 1, peuvent se répartir ainsi :

p — 1   Lignes topographiques naturelles, principales, ordinaires, lieux de points à rayon de courbure nul des courbes de niveau ;

p — 2   Lignes topographiques naturelles, secondaires, extraordinaires ;

p — 1   Lignes topographiques théoriques, courbes de niveau.

Total... 3 p — 4.

et si elle est droite, elle représente en plus une ligne topographique théorique courbe de niveau.

— Les lignes topographiques d'un paraboloïde qui n'est ni circulaire, ni cylindre parabolique, se divisent en :

Lignes topographiques naturelles, principales, ordinaires, lieux de points à rayon de courbure ni nul ni infini des courbes de niveau. Elles correspondent chacune à la trace d'un plan normal principal autre qu'une asymptote multiple tel que le rayon de courbure de l'indicatrice au point où elle est coupée par cette droite n'est ni nul ni infini. Leur degré de multiplicité est le même que celui de la droite comme trace de plan normal principal ;

Lignes topographiques naturelles, principales, ordinaires, lieux de points à rayon de courbure nul des courbes de niveau. Elles correspondent chacune à une asymptote multiple de l'indicatrice. Leur degré de multiplicité est encore le même que celui de l'asymptote comme trace de plan normal principal ;

Lignes topographiques naturelles, principales, extra-ordinaires. Elles correspondent chacune à la trace d'un plan normal principal tel que le rayon de courbure de l'indicatrice au point où elle est coupée par cette droite est infini. Leur degré de multiplicité est toujours supérieur à celui de la droite comme trace de plan normal principal, lequel est toujours alors égal à l'unité ;

Lignes topographiques naturelles, secondaires, extraor-dinaires, non confondues avec les asymptotes multiples. Elles comprennent les droites, lieux de points à rayon de courbure infini des courbes de niveau, qui ne sont confondues ni avec les traces des plans normaux princi-paux ni avec les asymptotes multiples ;

Lignes topographiques naturelles, secondaires, extra-ordinaires, représentées par chacune des asymptotes mul-tiples. Elles sont au nombre de $p - 2$ pour une asymptote de multiplicité p ;

Lignes topographiques théoriques courbes de niveau, représentées par chacune des asymptotes multiples. Elles sont au nombre de p pour une asymptote de degré de multiplicité p.

Le nombre total de toutes ces lignes topographiques est au plus égal à $3n - 4$, en appelant n le degré du para-boloïde.

— Les lignes topographiques d'un paraboloïde circulaire sont toutes ordinaires et se répartissent en lignes topo-graphiques : théoriques, comprenant les courbes de ni-veau, c'est-à-dire les parallèles ; naturelles principales, comprenant les méridiens ; naturelles secondaires, com-prenant toutes les lignes tracées sur la surface autres que celles appartenant aux deux catégories précédentes.

Les lignes topographiques d'un cylindre parabolique sont toutes lignes topographiques extraordinaires, et se répartissent en : théoriques, comprenant les courbes de niveau, c'est-à-dire les génératrices du cylindre ; naturelles principales, comprenant toutes les sections droites du cylindre ; naturelles secondaires, comprenant toutes les lignes tracées sur la surface autres que celles appartenant aux deux catégories précédentes.

— Etant donné un point A d'une surface S pour lequel le plan tangent est horizontal, toute ligne topographique aboutissant à ce point y est tangente en projection horizontale à l'une des droites topographiques du paraboloïde indicateur relatif au point A.

— Lorsque le paraboloïde indicateur en A n'est ni circulaire ni cylindrique :

A la trace de tout plan normal principal relatif au point A, de degré de multiplicité p, qui n'est pas en même temps lieu de points à rayon de courbure infini des courbes de niveau du paraboloïde, correspond un nombre de lignes topographiques naturelles ordinaires de la surface tel que la somme de leurs degrés de multiplicité respectifs est égale à p ; toutes ces lignes sont tangentes en A à la trace de ce plan normal principal. La même règle s'applique aux asymptotes multiples de l'indicatrice en A, qui représentent toujours les traces d'un nombre de plans normaux principaux inférieur d'une unité à leur degré de multiplicité comme asymptotes.

A toute droite topographique du Paraboloïde indicateur en A non confondue avec une asymptote de l'indicatrice, naturelle et extraordinaire (qu'elle soit principale ou secondaire), correspond sur la surface un lieu de points à rayon de courbure infini des courbes de niveau tangent en A à cette droite. Le premier élément de ce lieu à partir de A est toujours élément topographique de S, d'un degré de multiplicité égal à celui de la droite topographique du Paraboloïde indicateur ; mais en général, le premier élément seul de ce lieu est élément topographique.

— Lorsque le Paraboloïde indicateur en A est circulaire :

Il passe toujours par le point A un nombre de lignes topographiques naturelles ordinaires de la surface S, égal au nombre des normales qu'on peut abaisser de ce point sur la surindicatrice ; chacune de ces lignes topographiques est tangente en A à l'une de ces normales. Le nombre des lignes topographiques concourant au point A peut être quelconque, et peut parfois être réduit à l'unité.

— Lorsque le Paraboloïde indicateur en A est un cylindre :

Si on désigne par $p - 1$ l'ordre du contact du plan tangent en A avec la surface, le point A est toujours le point de concours de $p - 1$ lignes topographiques naturelles, ordinaires de la surface S, toutes tangentes en A à la tangente en ce point à la courbe de niveau qui y passe ; si le point A appartient à une courbe de contact horizontale, ces $p - 1$ lignes topographiques sont confondues avec la courbe de contact et sont alors principales et lieux de points à rayon de courbure nul des courbes de niveau. Habituellement il ne passe pas par le point A d'autre ligne topographique que celles tangentes en A à l'élément de courbe de niveau passant par ce point.

— Dans le cas habituel où le Paraboloïde indicateur est du deuxième degré, et où en outre il n'est ni circulaire ni cylindrique, le point A est toujours le point de concours de deux lignes topographiques naturelles, ordinaires, se coupant à angle droit et tangentes chacune en ce point à la trace d'un des plans normaux principaux ; elles sont toujours chacune du degré de multiplicité un.

Article III. — Définition des points et lignes topogra-
phiques à l'aide des lignes de courbure.

— Des deux lignes de courbure passant par un point topographique, il y en a toujours une qui est normale à la
courbe de niveau passant par ce point. Et réciproquement :
si une ligne de courbure est normale à la courbe de niveau
passant par un de ses points, celui-ci est un point topographique.

Cette propriété, étant caractéristique, peut servir à définir les points topographiques. Un point topographique est
un point tel que l'une des lignes de courbure qui y passe
est normale à la courbe de niveau correspondante. Une
ligne topographique est un lieu de points topographiques
homologues : c'est un lieu de points tels que des deux
lignes de courbure passant par l'un quelconque d'entre
eux, l'une est normale et par conséquent l'autre tangente
à la courbe de niveau correspondante.

Toute ligne de courbure qui est soit une courbe de niveau, soit normale à toutes les courbes de niveau qu'elle
rencontre, est ligne topographique.

— On peut faire sur les relations existant entre les lignes
de courbure d'une surface et ses lignes topographiques relatives à une direction donnée prise pour la verticale, un
certain nombre de remarques, que je crois inutile de mentionner dans ce résumé.

CHAPITRE III.

LIGNES DE PLUS GRANDE PENTE. — EXAMEN DES LIGNES DE
PLUS GRANDE PENTE. — LIGNES DE PARTAGE OU DE RAS-
SEMBLEMENT DES EAUX. — APPLICATION DE LA THÉORIE
DES LIGNES TOPOGRAPHIQUES A QUELQUES EXEMPLES SIMPLES.

Article 1. — *Lignes de plus grande pente.*

— Dans une surface, on appelle *ligne de plus grande
pente* une ligne tracée sur la surface telle que chacun de
ses éléments soit l'élément de ligne de plus grande pente,
passant par le point considéré, du plan tangent à la surface en ce point.

Toute courbe de contact horizontale de la surface doit
être considérée comme une ligne de plus grande pente de
celle-ci. Et réciproquement : une ligne de plus grande
pente horizontale ne peut être qu'une courbe de contact
horizontale.

Les équations des lignes de plus grande pente sont :

$$\left\{ \begin{array}{l} F(x, y, z) = 0 \\ \dfrac{dy}{dx} = -\dfrac{\left(\dfrac{dF}{dy}\right)}{\left(\dfrac{dF}{dx}\right)} \end{array} \right.$$

ou simplement :

$$\frac{dy}{dx} = \frac{\dfrac{df}{dy}}{\dfrac{df}{dx}}$$

suivant que l'équation de la surface est donnée sous la forme implicite : $F(x, y, z) = 0$ ou sous la forme explicite : $z = f(x, y)$.

Leur tracé peut se faire soit par une série d'éléments rectilignes, soit par une série de petits arcs de cercle, lorsque les courbes de niveau ont été tracées au préalable avec des intervalles suffisamment rapprochés.

On peut encore donner des lignes de plus grande pente la définition mécanique suivante : Ce sont des lignes tracées sur la surface, telles que chacun de leurs éléments représente le premier élément de la trajectoire que décrirait un mobile partant du repos sous la seule action de la pesanteur.

— Considérons un point d'une surface pour lequel il n'y ait qu'un seul plan tangent. Si ce plan n'est pas horizontal, il ne passe en ce point qu'un élément de ligne de plus grande pente, lequel est normal à la courbe de niveau correspondante. Si donc il en part plusieurs lignes de plus grande pente, celles-ci doivent toutes y être tangentes à l'intersection de la surface par le plan vertical, normal à la surface, passant par ce point.

Supposons que le plan tangent au point considéré de la surface ne soit pas horizontal :

Il ne part jamais de ce point qu'une seule ligne de plus grande pente du côté de la concavité de la courbe de niveau qui y passe;

Il ne part jamais de ce point qu'une seule ligne de plus grande pente du côté de la convexité de la courbe de niveau, lorsque le rayon de courbure de celle-ci en ce point n'est pas nul.

Nous supposons toujours dans ce chapitre que le rayon de courbure des courbes de niveau n'est pas nul aux points que nous considérons.

Article II. — *Examen des lignes de plus grande pente.*

— Le rayon de courbure ρ, en un point quelconque de la projection horizontale d'une ligne de plus grande pente pour lequel le plan tangent à la surface n'est pas horizontal, a pour valeur, en désignant par $F (x\ y, z) = 0$ l'équation de la surface, et en appelant x, y, h les coordonnées de ce point :

$$\rho = - \frac{\left[\left(\frac{dF}{dx}\right)^2 + \left(\frac{dF}{dy}\right)^2 \right]^{\frac{3}{2}} \times \frac{dF}{dh}}{D} ,$$

en posant

$$D = \frac{dF}{dh} \times \left\{ \left[\left(\frac{dF}{dy}\right)^2 - \left(\frac{dF}{dx}\right)^2 \right] \frac{d^2F}{dx\ dy} - \left[\frac{d^2F}{dy^2} - \frac{d^2F}{dx^2} \right] \frac{dF}{dx} \frac{dF}{dy} \right\}$$
$$- \left[\left(\frac{dF}{dx}\right)^2 + \left(\frac{dF}{dy}\right)^2 \right] \left[\frac{dF}{dy} \frac{d^2F}{dx\ dh} - \frac{dF}{dx} \frac{d^2F}{dy\ dh} \right]$$

Si l'équation de la surface était donnée sous la forme explicite $z = f(x\ y)$, la valeur de ρ s'obtiendrait en remplaçant dans la formule précédente $\frac{dF}{dh}$ par 1, et $\frac{d^2F}{dx\ dh}$ et $\frac{d^2F}{dy\ dh}$ par zéro. Le dénominateur de cette expression n'est autre que la fonction qui, égalée à zéro, est l'équation des lignes topographiques de la surface.

— La discussion de cette formule permet d'énoncer les résultats suivants :

1° Tout point pour lequel le rayon de courbure ρ de la projection de ligne de plus grande pente qui y passe est nul, appartient au contour apparent de la surface.

Tout point pour lequel ce rayon de courbure est infini est point topographique.

L. P.

2° Dans un contour apparent π, distinct des courbes de niveau, le rayon de courbure ρ est toujours nul sauf exceptionnellement. Les points exceptionnels pour lesquels il peut ne pas l'être sont généralement : soit les points du contour apparent π, projections de points à tangente horizontale de la courbe Π de contact avec la surface du cylindre vertical ayant π pour base, soit les points de rencontre du contour apparent avec des lignes topographiques de la surface : pour ces points, ρ peut être fini ou même infini. Ces conclusions sont les mêmes, quel que soit le degré de multiplicité du contour apparent π.

3° Dans une courbe de niveau formant contour apparent, le rayon de courbure ρ n'est jamais nul qu'exceptionnellement : ces points exceptionnels ne peuvent être que les points de rencontre de la courbe de niveau avec des contours apparents de la surface distincts des courbes de niveau. Si la courbe de niveau n'est ligne topographique qu'en vertu de sa qualité de contour apparent, il est toujours fini sauf aux points de rencontre de la courbe de niveau avec d'autres lignes topographiques de la surface : pour ces points particuliers il est infini. Si la courbe de niveau est ligne topographique indépendamment de sa qualité de contour apparent, il est infini.

4° Dans une courbe de niveau qui n'est pas contour apparent, le rayon de courbure ρ n'est jamais nul qu'exceptionnellement, ces points exceptionnels devant être des points de contour apparent. Si elle est ligne topographique, il est infini.

5° Pour tout point topographique n'appartenant pas au contour apparent, le rayon de courbure ρ est toujours infini.

— Considérons en projection horizontale un point a de la surface appartenant à la ligne topographique l, et supposons que ce point ne fasse pas partie du contour apparent.

Si la ligne topographique l n'est ni confondue avec la courbe de niveau passant par ce point, ni normale aux courbes de niveau ; si de plus la tangente en a à l n'est ni horizontale ni normale aux courbes de niveau, l'ordre du contact en a de la ligne de plus grande pente avec sa tangente est, sauf exceptionnellement, supérieur d'une unité au degré de multiplicité de la ligne topographique. Si ce degré de multiplicité est l'unité ou un nombre impair, l'ordre de ce contact est pair et le point a est point d'inflexion de la projection de la ligne de plus grande pente ; s'il est pair, l'ordre de ce contact est impair et le point a n'est pas point d'inflexion de la ligne de plus grande pente.

Si le nombre de points topographiques représentés par le point topographique a est impair, l'élément de ligne de plus grande pente partant de ce point est maximum ou minimum relativement aux éléments de lignes de plus grande pente suffisamment voisins compris entre les deux mêmes courbes de niveau ; il ne l'est pas si le nombre de points topographiques représentés par a est pair.

Réciproquement : Si l'élément de ligne de plus grande pente $a\,b$ partant du point a de la courbe de niveau p et compris entre cette courbe et celle infiniment voisine q, est maximum ou minimum relativement à ceux suffisamment voisins compris entre les mêmes courbes p et q, le point a est point topographique, et le nombre de points topographiques qu'il représente est impair.

— Considérons, en projection horizontale, deux courbes de niveau p et q à une distance finie l'une de l'autre, ainsi que les deux arcs de lignes de plus grande pente, $a\,b$ et $a'\,b'$, compris entre ces deux courbes ; et supposons que les portions des deux courbes de niveau p, q et intermédiaires. comprises dans le quadrilatère courbe $a\,b\,a'\,b'$ aient *Fig. 7.*

toutes leur convexité tournée dans le même sens, soit sur leur longueur, soit l'une par rapport à l'autre. Si le point a' est infiniment voisin du point fixe a, le rapport $\dfrac{b\,b'}{a\,a'}$ des arcs interceptés sur chacune des courbes de niveau p et q par les lignes de plus grande pente $a\,b$ et $a'\,b'$ est égale à la limite à :

$$lim\ \frac{bb'}{aa'} = e^{\frac{\mathrm{L}}{\mathrm{R}}}$$

e désigne la base des logarithmes népériens ; R représente le rayon de courbure d'une des courbes de niveau intermédiaires entre p et q au point où elle coupe la ligne $a\,b$; L est la longueur de l'arc $a\,b$ de ligne de plus grande pente passant par a : on doit prendre L avec le signe $+$ si l'arc $a\,a'$, sur lequel se trouve le point a et qui forme le dénominateur du rapport $\dfrac{b\,b'}{a\,a'}$, a sa convexité tournée vers l'intervalle $p-q$, et avec le signe $-$ dans le cas contraire. On suppose d'ailleurs qu'aucun des points du quadrilatère courbe $a\,b\,a'\,b'$ n'appartient au contour apparent de la surface.

 —— Considérons en projection horizontale une portion de ligne de plus grande pente, $a\,b$, comprise entre deux courbes de niveau p et q situées à une distance finie l'une de l'autre ; puis, traçons les deux lignes de plus grande pente $a'\,b'$ et $a''\,b''$ comprises dans le même intervalle et situées de part et d'autre de celle $a\,b$ à une distance finie mais suffisamment petite de celle ci Si l'arc de ligne de plus grande pente $a\,b$ est un lieu de points d'inflexion de toutes les courbes de niveau p, q et intermédiaires, deux mobiles placés, l'un au point a' et l'autre au point a'', puis abandonnés à l'action de la pesanteur, tendent l'un à se rap-

Fig. 8.

procher et l'autre à s'éloigner de la ligne de plus grande pente *a b*. Il y a là une singularité qui mérite d'être signalée. C'est pourquoi, et par analogie avec les lignes topographiques fausses, nous appellerons *ligne de plus grande pente fausse* toute ligne de plus grande pente qui est en même temps lieu de points d'inflexion des courbes de niveau (et par conséquent ligne de séparation des croupes et dépressions).

— J'appelle *ligne de plus grande pente principale* toute ligne de plus grande pente qui est en même temps ligne topographique. Les expressions de ligne de plus grande pente principale et de ligne topographique principale sont synonymes.

— Dans un paraboloïde à axe vertical, il part toujours du sommet un nombre de lignes de plus grande pente principales égal au nombre des plans normaux principaux relatifs au sommet, et il n'en part pas d'autres ; chacune d'elles est confondue en projection horizontale avec la trace d'un de ces plans normaux principaux. Si, de plus, le paraboloïde n'est pas cylindrique, ce sont les seules lignes de plus grande pente principales de la surface ; s'il est cylindrique, les lignes de plus grante pente principale sont : 1° la génératrice de contact horizontale, 2° toutes les sections droites du cylindre.

Toute ligne de plus grande pente qui aboutit au sommet du paraboloïde y est tangente à l'une des lignes de plus grande pente principales.

— Etant donné en projection horizontale un point **A** d'une surface quelconque pour lequel le plan tangent est horizontal, une quelconque des lignes de plus grande pente qui aboutissent à ce point y est tangente à l'un des rayons vecteurs normaux de la surindicatrice relative à ce point ; et réciproquement tout rayon vecteur normal de la surindicatrice est tangent à une ligne de plus grande pente partant de ce point. On en conclut que :

1° Lorsque le paraboloïde indicateur en A n'est pas circulaire, toute ligne de plus grande pente aboutissant en A y est tangente en projection à la trace d'un des plans normaux principaux relatifs à ce point ; et réciproquement.

2° Lorsque le paraboloïde indicateur en A est circulaire, le nombre et la direction des éléments de plus grande pente aboutissant en A sont donnés par la résolution de l'équation donnant le nombre et la direction des normales abaissées du point A sur la surindicatrice. Dans ce cas, le nombre des tangentes en A aux lignes de plus grande pente y aboutissant peut être quelconque, et peut même être réduit à l'unité ; tandis que, lorsqu'il n'est pas circulaire, on peut toujours mener par le point A au moins deux tangentes distinctes aux lignes de plus grande pente qui y aboutissent (toujours deux lorsque le paraboloïde est du deuxième degré).

────────

Article III. — *Lignes de partage ou de rassemblement des eaux.* — *Application de la théorie des lignes topographiques à quelques exemples simples.*

— J'appelle *extrémités* d'une ligne de plus grande pente passant par le point quelconque M de la surface chacun des premiers points à plan tangent horizontal qu'on rencontre en suivant cette ligne à partir de M soit dans un sens, soit dans l'autre.

— Une ligne de plus grande pente vraie quelconque peut toujours être considérée comme étant une ligne : de séparation (si elle est ligne de croupe) ou de rassemblement (si elle est ligne de dépression) des eaux s'écoulant sur les pentes de la surface de chaque côté et dans le voisinage de cette ligne. Mais en topographie on réserve le nom de lignes de partage ou de rassemblement des eaux aux lignes de plus grande pente passant par certains points remarquables de la surface, lesquels sont toujours points topographiques naturels vrais. C'est pourquoi j'adopte la définition suivante :

J'appelle *ligne de partage ou de rassemblement des eaux par rapport à une courbe de niveau déterminée*, la portion de la ligne de plus grande pente, partant d'un point *topographique naturel vrai* situé sur cette courbe de niveau, dirigée du côté de sa concavité et comprise entre cette courbe de niveau et son extrémité suivant cette direction. Si le point topographique d'où part la ligne de partage ou de rassemblement est point de faîte, elle est appelée *ligne de partage des eaux;* s'il est point de thalweg, elle est *ligne de rassemblement des eaux.* Le point topographique d'où elle part est son *point de départ*, et son autre extrémité est son *point d'arrivée*. Enfin j'appelle *ligne de partage ou de rassemblement des eaux principale* toute ligne de plus grande pente qui est ligne de partage ou de rassemblement relativement à toutes les courbes de niveau qu'elle rencontre. Une telle ligne ne peut être qu'une ligne de plus grande pente principale; et réciproquement toute ligne de plus grande pente principale est ligne de partage ou de rassemblement principale.

La détermination des lignes de partage ou de rassemblement dont le point de départ se trouve sur une courbe de niveau donnée, que le plan tangent à la surface en ce point ne soit pas ou soit horizontal, se fera toujours avec la plus grande facilité.

— J'ai terminé l'étude des lignes topographiques par la détermination analytique de ces lignes sur quelques surfaces simples. Voici les exemples que j'ai choisis :

1° Ellipsoïde rapporté à ses trois axes :

$$\frac{x^2}{a^2} + \frac{y^2}{b^2} + \frac{z^2}{c^2} - 1 = 0.$$

Les équations des lignes topographiques sont :

$$\begin{cases} \dfrac{x^2}{a^2} + \dfrac{y^2}{b^2} + \dfrac{z^2}{c^2} - 1 = 0. \\ \dfrac{16}{a^2\,b^2\,c^2} \left[\dfrac{1}{a^2} - \dfrac{1}{b^2} \right]\, x\,y\,z = 0. \end{cases}$$

2° Ellipsoïde rapporté à son centre pour origine et au plan de deux de ses axes pris pour plan des $x\,z$, ces deux axes n'étant pas confondus avec les axes des x et des z.

Les équations des lignes topographiques sont :

$$\begin{cases} A\,x^2 + B\,y^2 + C\,z^2 + D\,x\,z + E = 0. \\ 2\,B \times \{ M\,x^2 + N\,y^2 + P\,z^2 + Q\,x\,z \} \times y = 0. \end{cases}$$

3° Surface dont l'équation est :

$$F(x, y, z) = \left[x - R\,cos\,\varphi(z) \right]^2 + \left[y - R\,sin\,\varphi(z) \right]^2 - \left[f(z) \right]^2 = 0.$$

Ses courbes de niveau sont des circonférences dont le rayon ρ est égal à $f(z)$, le centre de ces circonférences décrivant en projection horizontale une circonférence C de rayon donné R ; $\varphi(z)$ représente l'angle de la droite joignant le centre C de cette circonférence au centre de la circonférence courbe de niveau.

Les équations des lignes topographiques sont :

$$(1) \begin{cases} \mathrm{F}\,(x,\,y,\,z) = 0. \\ \dfrac{d\,\varphi}{d\,z} = 0. \end{cases}$$

$$(2) \begin{cases} \mathrm{F}\,(x,\,y,\,z) = 0. \\ \big[y - \mathrm{R}\,sin\,\varphi(z)\big]^2 + \big[x - \mathrm{R}\,cos\,\varphi(z)\big]^2 = 0. \end{cases}$$

$$(3) \begin{cases} \mathrm{F}\,(x,\,y,\,z) = 0. \\ y\,sin\,\varphi(z) + x\,cos\,\varphi(z) - \mathrm{R} = 0. \end{cases}$$

Les équations (1) représentent autant de courbes de niveau qu'il y a de racines réelles pour z tirées de l'équation $\dfrac{d\,\varphi}{d\,z} = 0$; elles sont lignes topographiques théoriques.

Les équations (2) reviennent à :

$$\begin{cases} f(z) = 0. \\ y - \mathrm{R}\,sin\,\varphi(z) = 0. \\ x - \mathrm{R}\,cos\,\varphi(z) = 0. \end{cases}$$

Elles représentent autant de points qu'il y a de racines réelles dans l'équation $f(z) = 0$.

Les équations (3) reviennent à :

$$\begin{cases} x^2 + y^2 - \mathrm{R}^2 - \big[f(z)\big]^2 = 0. \\ y\,sin\,\varphi(z) + x\,cos\,\varphi(z) - \mathrm{R} = 0. \end{cases}$$

Elles représentent une ligne topographique naturelle, secondaire, ordinaire. Si on suppose que $f(z)$ soit une constante r, la projection horizontale de cette ligne topographique a pour équation :

$$x^2 + y^2 - (R^2 + r^2) = 0.$$

C'est une circonférence dont le centre est en C et dont le rayon est égal à $\sqrt{R^2 + r^2}$, résultat évident à priori, en partant de la définition des lignes topographiques. Le tracé des projections des lignes de plus grande pente de cette dernière surface (celle pour laquelle $f(z)$ est constant) se ferait sans aucune difficulté. Parmi ces lignes, il faut remarquer celle qui est une circonférence décrite du point C comme centre avec un rayon égal à $\sqrt{R_2 - r^2}$: si on suppose que la surface s'élève au-dessus du plan horizontal, et de plus que le centre des circonférences courbes de niveau soit dans son intérieur, on reconnaît facilement que cette circonférence est ligne de partage des eaux relativement à la courbe de niveau située à une distance infinie en-dessous du plan horizontal.

4° Paraboloïde rapporté à son sommet et à son axe, dont l'équation est :

$$x^2 (x^2 + y^2) - z = 0.$$

On trouve pour l'équation des lignes topographiques :

$$8\, x^3 y \left[y - x\sqrt{2} \right] \left[y + x\sqrt{2} \right] \left[y - x\sqrt{-1} \right] \left[y + x\sqrt{-1} \right] = 0.$$

Les deux droites dont les équations sont $y - x\sqrt{2} = 0$ et $y + x\sqrt{2} = 0$ sont lignes topographiques naturelles, secondaires, extraordinaires, et de plus fausses.

5° Surface dont l'équation est :

$$z = (x^2 - a^2)(y^2 - a^2).$$

On trouve pour les équations des lignes topographiques :

$$8\,x\,y\,\left[y-x\right](y+x)\left[x^2\,y^2+a^2\,y^2+a^2\,x^2-3\,a^4\right]=0.$$

Les quatre premières sont lignes topographiques naturelles, principales, ordinaires; elles se croisent au point culminant de la surface, se projetant à l'origine des axes, pour lequel le paraboloïde indicateur est circulaire. La cinquième est une ligne topographique naturelle, secondaire, ordinaire, consistant en une courbe fermée, convexe, symétrique par rapport aux axes des x et des y, passant par les quatre cols formés par les intersections deux à deux des lignes de niveau rectilignes dont les équations sont $x=\pm a$ et $y=\pm a$, et coupant les axes des x et des y à une distance de l'origine égale à $a\sqrt{3}$.

CHAPITRE IV.

DE QUELQUES SINGULARITÉS QUE PEUVENT PRÉSENTER LES SURFACES NATURELLES. — POINTS INITIAUX ET COURBES DE POINTS INITIAUX. — ARÊTES. POINTS PYRAMIDAUX ET CONIQUES.

De quelques singularités que peuvent présenter les surfaces naturelles.

— Si on trace la projection horizontale des lignes de plus grande pente d'une surface naturelle représentée sur une carte par ses courbes de niveau suffisamment rapprochées, on reconnaît l'existence fréquente d'une certaine classe de ces lignes qui, tout en n'étant ni droites, ni courbes de contact horizontales, jouissent toutefois au plus haut degré, pour tout le monde, de la propriété d'être lignes de faîte ou de thalweg. Ces lignes sont toujours d'ailleurs caractérisées par la propriété suivante : Désignons par L une de ces lignes de plus grande pente. Elle divise la surface en deux versants tels que les lignes de plus grande pente tracées sur l un quelconque d'entre eux dans son voisinage s'en rapprochent de plus en plus, de manière à arriver toutes à lui être tangentes *graphiquement;* j'entends par là que, en raison de l'incertitude dans laquelle on est nécessairement sur les formes vraies de la surface, on est en droit d'admettre qu'elles lui sont rigoureusement tangentes. Chaque point de L est donc le point de départ de deux lignes de plus grande pente distinctes de celle L, une pour chacun des versants de la surface ; et par conséquent la courbe de niveau passant par un quelconque des points de L y a son rayon de courbure nul.

Les surfaces naturelles présentent souvent encore, principalement dans les régions montagneuses, des accidents dont il est utile de tenir compte. Ceux-ci sont soit des arêtes, soit des sommets de pyramides ou de cônes, qu'on peut caractériser par l'épithète de *mousses*. Ces accidents sont en général tellement accusés dans la nature que si, dans une carte (dont l'échelle n'est jamais habituellement supérieure à $\frac{1}{10,000}$) on cherche à exprimer fidèlement la physionomie du terrain, on est forcément amené à les représenter par des lignes ou des points.

Nous dirons quelques mots sur les singularités précédentes en les rattachant à une catégrie de points que je désigne sous le nom de points initiaux.

Art. 1ᵉʳ. — Points initiaux et courbes de points initiaux.

— J'appelle *point initial* d'une surface tout point pour lequel le plan normal mené par la tangente à la courbe de niveau qui y passe coupe la surface suivant une courbe dont le rayon de courbure est nul en ce point. Lorsque le plan tangent à la surface au point initial n'est pas horizontal, il est clair que le rayon de courbure, au même point de la courbe de niveau, est aussi nul ; et réciproquement.

S'il existe sur la surface une série continue de points initiaux formant une courbe, celle-ci est appelée *courbe de points initiaux*.

Tout point de la surface pour lequel le plan tangent est horizontal doit être considéré comme point initial. Toute courbe de contact horizontale doit aussi être considérée comme courbe de points initiaux.

— Considérons en projection horizontale un point initial *a* pour lequel le plan tangent à la surface ne soit ni horizontal ni vertical ; il passe par ce point une courbe φ de points singuliers homologues des courbes de niveau, ceux-ci étant d'ailleurs soit des points initiaux comme celui *a*, soit des points à rayon de courbure minimum des courbes de niveau. Pour que ce point initial *a* soit point topographique, il faut et il suffit que la normale en ce point à la courbe de niveau qui y passe soit tangente à la trajectoire φ des points singuliers homologues des courbes de niveau.

Pour qu'une courbe de points initiaux soit ligne topographique, il faut et il suffit qu'elle soit ligne de plus grande pente.

Une courbe de points initiaux qui est en même temps ligne topographique est donc ligne topographique *naturelle, principale, ordinaire ;* elle est aussi ligne de plus

grande pente *principale;* si en outre les points initiaux
qui la composent ne sont pas points d'inflexion des courbes
de niveau, elle est ligne topographique ou ligne de plus
grande pente *vraie,* et par conséquent ligne de partage ou
de rassemblement *principale.*

— La normale, en un point *a* d'une courbe de points
initiaux ligne topographique, à la courbe de niveau qui y
passe, n'est pas en général normale à la courbe de niveau
infiniment voisine.

Considérons un point d'une surface pour lequel le plan
tangent ne soit pas horizontal. S'il est point topographique,
c'est-à-dire si le centre de courbure, relatif à ce point, de
la courbe de niveau qui y passe est point d'enveloppe de
la développée de cette courbe de niveau, la normale en
projection horizontale élevée à celle-ci est toujours normale aussi à celle infiniment voisine, et réciproquement,
lorsqu'il n'est pas point initial; et au contraire elle ne l'est
généralement pas lorsqu'il est point initial. En conséquence, lorsqu'on ne tient pas compte de cette classe de
points singuliers, il est tout à fait indifférent d'adopter
pour les points topographiques soit la définition basée sur
la propriété des enveloppes, soit celle basée sur la propriété des normales. Mais si l'on veut tenir compte des
points initiaux, il faut rejeter l'une des deux et ne con-
server que celle que j'ai adoptée dans le cours de ce travail,
et qui est basée sur la propriété des enveloppes. C'est
pourquoi je l'ai adoptée, à cause de l'importance, très-
grande à mon avis, des lignes topographiques courbes de
points initiaux.

— Une courbe de points initiaux ligne topographique est
toujours l'enveloppe d'une série de lignes de courbure.

— Si le point initial *a* n'appartient pas à une courbe de
points initiaux ligne topographique, il n'y passe jamais
qu'une ligne de plus grande pente.

— Une courbe de points initiaux ligne topographique est toujours l'enveloppe de la projection horizontale d'une série continue de lignes de plus grande pente de la surface; de sorte que l'un quelconque, a, de ses points est, du côté de la convexité de la courbe de niveau qui y passe, le point de départ de trois lignes de plus grande pente : l'une qui n'est autre que la courbe de points initiaux, et les deux autres tangentes toutes deux à cette courbe en ce point et dirigées l'une à droite et l'autre à gauche.

La projection horizontale d'une ligne de plus grande pente, enveloppe des projections d'une série de lignes de plus grande pente, est toujours une courbe de points initiaux ligne topographique. L'enveloppe, en projection horizontale, d'une série de lignes de plus grande pente est toujours el e-même ligne de plus grande pente.

— Etant donnée en projection horizontale une courbe φ de points initiaux ligne topographique, qui soit ligne de plus de grande pente vraie, les deux lignes de plus grande pente, autres que celle φ, aboutissant en un point quelconque a de φ, y forment un rebroussement de première espèce ou de deuxième espèce, suivant les cas. Lorsque le rebroussement est de première espèce, un élément de la courbe φ est toujours *maximum* relativement aux éléments de lignes de plus grande pente suffisamment voisins compris entre les mêmes courbes de niveau. Il n'est jamais ni maximum ni minimum lorsque ce rebroussement est de deuxième espèce.

Article II. — Arêtes. — Points pyramidaux et coniques.

— Au point de vue analytique, une arête, quelle qu'elle soit, doit toujours être considérée comme étant soit une

ligne topographique, soit une ligne de plus grande pente,
et par suite comme étant ligne topographique ou ligne de
plus grande pente principale.

— Pour étudier une arête au point de vue graphique, nous
l'émoussons d'après une loi bien déterminée, de manière
à la remplacer par une ligne de propriétés connues. Les
procédés peuvent varier à l'infini : car ici nous ne nous
préoccupons plus des surfaces définies analytiquement, et
c'est uniquement par des solutions graphiques susceptibles
d'un certain arbitraire que nous résolvons la question.
Le procédé que nous employons pour émousser une arête
quelconque L est tel que celle-ci se trouve remplacée par
une courbe Λ qui est en même temps ligne de plus grande
pente et courbe de points initiaux ; et, au lieu d'étudier
l'arête L, nous étudions cette courbe Λ. On en conclut
encore qu'une arête peut toujours être regardée comme
ligne topographique ou ligne de plus grande pente principale ; seulement, suivant que la courbe Λ n'est pas ou est
lieu de points d'inflexion des courbes de niveau, l'arête
correspondante est ligne topographique ou ligne de plus
grande pente : *vraie* dans le premier cas, *fausse* dans le
second. C'est d'après ces considérations qu'on peut énoncer les résultats suivants :

Considérons une arête L d'une surface ; et soit M A N la
section de la surface par un plan vertical normal à la projection de l'arête, passant par le point quelconque A de
celle-ci.

1° Soient Y A Y' la verticale passant par A, et α et β l'angle
de chacune des branches A M et A N avec cette verticale,
ces angles étant ceux tournés vers *l'intérieur* de la surface ;
Fig. 9. ils peuvent varier chacun de 0° à 180°. Si les angles α et β
sont tous deux plus petits ou tous deux plus grands que
90°, l'arête L est ligne topographique ou ligne de plus
grande pente *vraie*. Si ces angles sont l'un plus petit et

l'autre plus grand que 90°, l'arête L est ligne topographique ou ligne de plus grande pente *fausse*.

2° Lorsqu'une arête L est ligne topographique (ou ligne de plus grande pente) *vraie*, le plan déterminé par la tangente à l'arête en un quelconque de ses points et l'horizontale menée par ce point normalement à l'arête laisse la surface en-dessous ou en-dessus de lui, des deux côtés de l'élément d'arête passant par ce point ; et réciproquement.

Lorsqu'elle est ligne topographique (ou ligne de plus grande pente) *fausse*, le plan déterminé ainsi coupe la surface suivant une ligne tangente à l'arête au point considéré ; et réciproquement.

Dans le premier cas, la section horizontale de la surface passant par le point considéré de l'arête se compose de deux branches situées du même côté de la perpendiculaire menée par ce point à la projection horizontale de l'arête. Dans le deuxième cas, les deux branches dont se compose la section horizontale sont situées de part et d'autre de cette perpendiculaire.

— Au point de vue topographique, les arêtes ne sont considérées soit comme lignes topographiques, soit comme lignes de plus grande pente, que sous certaines conditions que nous allons énumérer :

1° On donne le nom de *lignes topographiques* exclusivement à celles que nous avons désignées par le nom de *naturelles, vraies*. En conséquence, les arêtes, ou portions d'arêtes, qu'on considère comme lignes topographiques, sont exclusivement les arêtes, ou portions d'arêtes, que nous venons de reconnaître être lignes topographiques ou lignes de plus grande pente *vraies*.

2° On réserve le nom de *lignes de plus grande pente* exclusivement aux lignes qui satisfont non seulement à la définition analytique, mais encore à la définition méca-

nique. Toute ligne de plus grande pente, vraie ou fausse,
qui n'est pas une arête, satisfait évidemment à ces deux
définitions; mais il n'en est plus de même pour celles qui
sont des arêtes. Considérons en effet un mobile de dimen-
sions aussi petites qu'on voudra, mais néanmoins finies
(afin qu'il ne soit pas réduit à un point mathématique),
que nous représenterons par une très-petite sphère, par-
faitement homogène, de telle sorte que son centre de gra-
vité soit rigoureusement confondu avec son centre de
figure; plaçons ce mobile en un point quelconque d'une
arête et abandonnons-le à la seule action de la pesanteur.
On reconnaît facilement que : lorsque l'arête est ligne de
plus grande pente vraie, le mobile reste en équilibre si
l'arête est horizontale, ou se met en mouvement en décrivant dans le premier instant l'élément d'arête partant du
point considéré si elle n'est pas horizontale; et lorsque
l'arête est ligne de plus grande pente fausse, le mobile se
met en mouvement que l'arête soit horizontale ou inclinée, et le premier élément de sa trajectoire ne peut jamais
être confondu avec l'élément d'arête partant du point considéré.

Les arêtes, lignes topographiques vraies, sont toujours
d'ailleurs en même temps lignes de plus grande pente
vraies, et réciproquement. Donc les arêtes (ou portions
d'arêtes) auxquelles, au point de vue topographique, on
réserve le nom de lignes topographiques ou lignes de plus
grande pente sont toujours, et sont exclusivement, les
arêtes que nous avons désignées par le nom de lignes topographiques (ou lignes de plus grande pente) *vraies*.

— Tout point pyramidal ou conique est évidemment un
point topographique. Il est toujours le point de concours
d'un certain nombre d'éléments de lignes topographiques
ou de lignes de plus grande pente, ces éléments étant,
suivant les cas, les premiers éléments de lignes de partage

ou de rassemblement des eaux relativement à la courbe de niveau passant par le point considéré.

APPENDICE.

DÉFINITION DE QUELQUES TERMES USITÉS EN TOPOGRAPHIE.

— Les surfaces naturelles, définies par le tracé de leurs courbes de niveau représentant leurs intersections successives par une série de plans horizontaux équidistants, rentrent complètement dans la catégorie des surfaces topographiques telles que nous les avons définies; et tout ce que nous avons dit sur les croupes et dépressions, lignes topographiques, lignes de plus grande pente et lignes de partage ou de rassemblement des eaux, courbes de points initiaux, arêtes, etc., leur est directement applicable, en tenant compte des observations ci-dessous :

1° Les surfaces naturelles ne sont jamais rencontrées par une verticale qu'en un seul point; elles n'ont donc jamais de contour apparent;

2° On réserve en topographie, le nom de *lignes topographiques* à celles que nous avons désignées sous le nom de lignes topographiques *naturelles*, *vraies*, à l'exclusion complète des lignes topographiques soit théoriques soit fausses;

3° Quelle que soit la surindicatrice relative à un point quelconque A de la surface pour lequel le plan tangent est horizontal, on peut toujours admettre d'une manière absolue que : si le point A est un sommet ou fond, la *concavité* de la courbe au point où elle est rencontrée par une quelconque des normales abaissées du point A *est toujours tournée vers le point A ;* si le point A est un col, c'est au contraire la *convexité de la courbe* qui est tournée vers le point A, en chacun de ces points.

On appelle *fond* une portion de surface plane horizontale limitée par un contour fermé quelconque, pouvant d'ailleurs se réduire à une ligne ou à un point, telle que la section de la surface par un plan horizontal situé à une hauteur infiniment petite au-dessus de lui, coupe la surface suivant une courbe de niveau fermée dont la projection entoure le contour du fond, celui-ci étant par conséquent situé tout entier à son intérieur. Lorsque le fond est réduit à un point, cette définition n'est autre que celle ordinaire.

— On appelle *bassin* relativement à un fond donné la portion de surface située tout autour de ce fond, satisfaisant aux deux conditions ci-dessous :

1° Un mobile, partant d'un quelconque des points du bassin et astreint à suivre constamment soit la même ligne de plus grande pente, soit successivement plusieurs lignes de plus grande pente se réunissant bout à bout par leurs extrémités, peut toujours aboutir au fond, en restant constamment dans le bassin et sans jamais être obligé de monter ;

2° Un mobile, partant d'un quelconque des points n'appartenant pas au bassin, et astreint à suivre constamment des lignes de plus grande pente, ne peut jamais aboutir au fond qu'à condition de monter dans quelques portions de son trajet.

Cette définition permet de tracer le contour d'un bassin quelconque et de constater que ce contour est toujours fermé, qu'il est toujours déterminé et unique, qu'il se compose d'une série de lignes de plus grande pente se réunissant bout à bout par leurs extrémités, que celles-ci sont des points d'altitude *minima* et *maxima* du contour alternant entre eux, que tous les points d'altitude *minima* sont des cols, le plus bas étant toujours situé à une certaine hauteur au-dessus du fond, que ceux d'altitude *maxima* sont généralement des sommets, qu'il ne peut pas se trouver de fond sur ce contour, et enfin que chacune des lignes de plus grande pente qui le composent est *ligne de partage des eaux* relativement à la courbe de niveau passant par le col qui forme son extrémité inférieure.

Le contour fermé qui limite le bassin relatif à un fond donné s'appelle *ligne de partage du bassin*.

Les points d'altitude *minima* sont appelés *cols de partage du bassin*.

Etant donnés deux points quelconques de la surface à plan tangent horizontal, qui ne soient fonds ni l'un ni l'autre, on peut toujours de même les relier entre eux par une *ligne de partage* jouissant exactement des propriétés des lignes de partage des bassins et se traçant par les mêmes procédés.

On peut étendre la notion du bassin à la superficie limitée par un contour fermé composé :

1° D'une portion quelconque A B de la courbe de niveau quelconque **P** ;

2° De la ligne de plus grande pente partant, en remontant, de chacun des points A et B, et prolongée jusqu'à son extrémité supérieure, ce qui donne les deux points C et D de la surface à plan tangent horizontal, lesquels ne peuvent être fonds ni l'un ni l'autre ;

3° De la ligne de partage relative aux deux points C et D.

On peut donner à ce bassin le nom de *bassin par rapport à la courbe de niveau* **P** *;* et la portion A B de P peut être appelée la *base du bassin*. Le fond de ce bassin n'est autre que la ligne A B ; et cette ligne représente en même temps un bourrelet de hauteur infiniment petite reliant les deux points A et B.

— On appelle *vallée par rapport à une courbe de niveau*

donnée un bassin par rapport à cette courbe de niveau dont la base est un arc, *terminé par deux points de faîte*, sur lequel se trouve *au moins un point de thalweg*. La base du bassin est la *base de la vallée*; de même pour la *ligne de partage*.

L'origine, le *thalweg* et *la ligne d'écoulement des eaux* de la vallée se définissent aussi très-simplement.

Lorsque l'arc, terminé par deux points de faîte, d'un bassin par rapport à une courbe de niveau, comprend plusieurs points de thalweg et de faîte intermédiaires, on peut encore donner à ce bassin la désignation de vallée s'il satisfait à la définition suivante :

On appelle *vallée par rapport à une courbe de niveau donnée* un bassin par rapport à cette courbe, dont la base est un arc, terminé par deux points de faîte, sur lequel se trouve entre ses deux extrémités un nombre quelconque de points de faîte et de thalweg, le nombre des points de thalweg étant au moins égal à l'unité et celui des points de faîte pouvant être nul, la base satisfaisant en outre aux deux conditions suivantes : 1° le premier point topographique vrai qu'on rencontre en cheminant sur cette base à partir d'une quelconque de ses deux extrémités pour se diriger vers l'autre, est toujours point de thalweg ; 2° les lignes d'écoulement des eaux des différentes vallées entrant dans la composition du bassin finissent toutes, lorsqu'elles sont prolongées suffisamment loin en descendant, par se confondre soit rigoureusement, soit seulement sensiblement.

FIN DU LIVRE II.

32,636. — Grenoble, imp. Maisonville et fils.

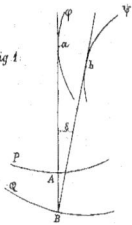

Fig 1

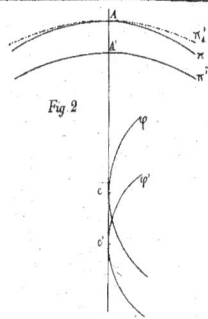

Fig 2

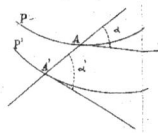

Fig. 3

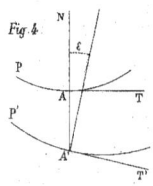

Fig. 4

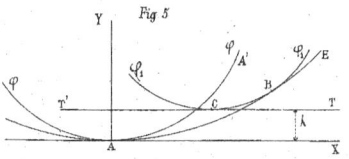

Fig 5

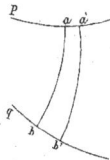

Fig. 7

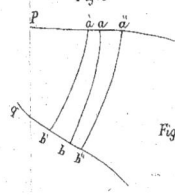

Fig. 8

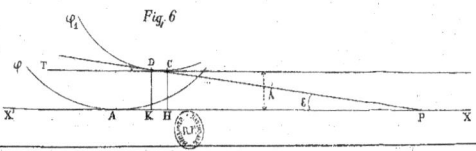

Fig. 6

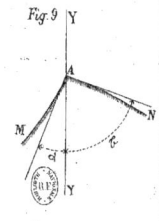

Fig. 9

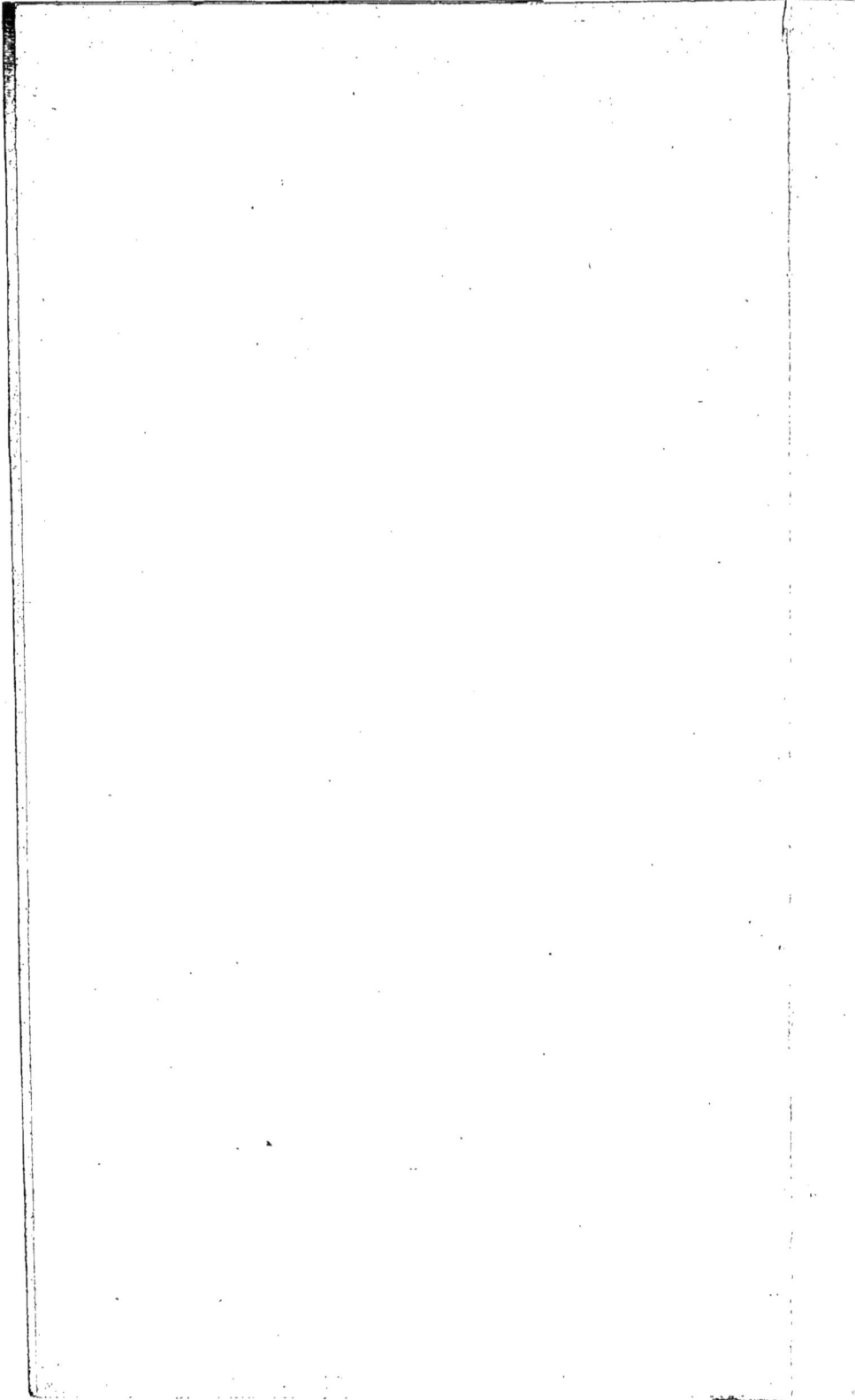

www.ingramcontent.com/pod-product-compliance
Lightning Source LLC
Chambersburg PA
CBHW050613210326
41521CB00008B/1233